BIM思维课堂

Revit 机电深化设计
思维课堂

王君峰　胡　添　杨万科　程　蓓　王亚男　编著

机械工业出版社
CHINA MACHINE PRESS

《Revit 机电深化设计思维课堂》是"BIM 思维课堂"系列图书中的第 3 本，作者均来自 BIM 咨询服务一线，具有丰富的实战及管理经验。本书以机电深化工程师和 BIM 管理专家的视角，通过真实的项目在施工中机电深化实践，全面讲解 Revit 以机电深化设计为目标的 BIM 工作流程，同时讲解了在基于 BIM 的机电深化设计过程中需要掌握的 BIM 信息协同与信息管理的知识，讲解了将 Revit 应用于机电深化设计中各专业的工作思路以及流程，并说明了对各专业的模型与信息的要求。

　　本书以真实办公楼项目案例为基础，系统、详细地介绍了机电深化的流程以及操作方法，并在介绍过程中讲解了如何定义 BIM 的管理规则以及专业间如何协同工作。全书分为 8 章。第 1 章介绍了 BIM 的基础概念以及机电深化的定义和作用；第 2 章介绍了 BIM 深化设计的主流软件 Revit 的通用操作；第 3 章介绍了如何在 Revit 中创建土建专业的模型；第 4 章介绍了给水排水相关专业知识以及如何在 Revit 中创建基础的给水排水专业模型；第 5 章介绍了暖通空调专业相关知识以及如何在 Revit 中创建暖通专业模型；第 6 章介绍了电气专业相关知识以及如何在 Revit 中创建电气专业模型；第 7 章介绍了机电深化的原则与技巧，并以实例说明如何完成机电深化的实际操作步骤；第 8 章介绍了如何表达机电深化的成果。

　　本书可作为机电工程师、建筑工程相关专业学生和 BIM 爱好者的自学用书，也可作为高等院校相关专业、社会相关培训机构的教材或参考用书。

　　本书采用实体书 + 互联网的新型教材形态进行发布。随书附带多媒体教学内容，书中绝大部分操作都配有同步的教学视频，时长近 400 分钟。同时为每一章节操作步骤提供了随书文件，内容包括书中的全部项目操作过程文件及相关素材文件。

图书在版编目（CIP）数据

Revit 机电深化设计思维课堂/王君峰等编著 . —北京：机械工业出版社，2021. 1
（BIM 思维课堂）
ISBN 978-7-111-67144-2

Ⅰ. ①R…　Ⅱ. ①王…　Ⅲ. ①机电设备 – 建筑设计 – 计算机辅助设计 – 应用软件
Ⅳ. ①TU85-39

中国版本图书馆 CIP 数据核字（2020）第 259675 号

机械工业出版社（北京市百万庄大街 22 号　邮政编码 100037）
策划编辑：张　晶　责任编辑：张　晶　范秋涛
责任校对：刘时光　封面设计：鞠　杨
责任印制：李　昂
北京瑞禾彩色印刷有限公司印刷
2021 年 1 月第 1 版第 1 次印刷
210mm×285mm・10. 25 印张・373 千字
标准书号：ISBN 978-7-111-67144-2
定价：79. 00 元

电话服务　　　　　　　网络服务
客服电话：010-88361066　机　工　官　网：www. cmpbook. com
　　　　　010-88379833　机　工　官　博：weibo. com/cmp1952
　　　　　010-68326294　金　书　网：www. golden-book. com
封底无防伪标均为盗版　机工教育服务网：www. cmpedu. com

书籍配套视频及素材使用说明

本书配套有全部章节的操作视频及操作过程素材文件，读者可免费查看本书的配套视频，并下载相应的过程操作文件，以便于学习和使用。

1. 使用微信扫描下方图 1 的二维码，或直接在微信中搜索"筑学 Cloud"，添加"筑学 Cloud"公众号。

2. 使用微信扫描下方图 2 的二维码，加入筑学云课程。

图 1

图 2

3. 扫描二维码之后如图 3 所示，查看用户协议并勾选，点击"注册"，进入"新用户注册"页面，如图 4 所示，填写登录名称及注册邮箱；点击"下一步"，如图 5 所示，填写真实姓名及手机号码；点击"设置密码"，如图 6 所示；设置密码后点击"完成"，返回"新用户注册"页面，点击"下一步"，成功加入筑学云，如图 7 所示。

图 3

图 4

图 5

图 6   图 7

4. 在 Google chrome 浏览器输入 http：//www. zhuxuecloud. com/地址，如图 8 所示，通过微信扫描二维码登录。

5. 如图 9 所示，在微信端点击"同意"，允许微信账号进行网站登录。

图 8   图 9

6. 浏览器页面如图 10 所示。在任务学习页面中显示当前正在学习的课程，包括课程信息、学习进度、授课老师及课程版本。

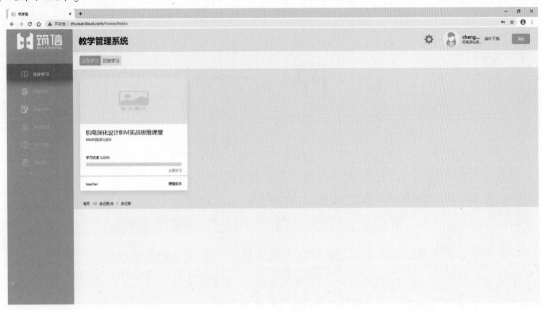

图 10

序 一

为了应对 2020 年年初突发的新冠肺炎疫情，我国政府集全国之力仅用了 10 天便建成火神山医院。而在这个神话般的建设速度的背后，是装配式建筑技术的"硬核防疫"力量，这是装配式建筑的典型优势的体现。装配式建筑具有缩短建设工期、提高建筑品质、提升建造效率、绿色环保施工等优势，是建筑行业从传统模式转型升级为建筑工业化模式的有效路径。

建筑设计是建筑工程行业的先锋，而建筑专业则是建筑设计的龙头。建筑专业要做好建筑设计的龙头需要系统、综合、全面地进行思考。这要求建筑师不仅仅从功能、布局、工艺上要全方位系统性思考，还要思考建筑与人的关系、建筑单体与城市群体的关系、建筑环境与自然环境的关系，需要落实建筑内全专业协同成果，避免各专业以各自的规范为依据，多头管理，责任不清，消除各专业边界扯皮问题，系统性保障建筑的功能与空间。作为建筑师需要承担起领头专业的责任，在集成建筑各专业完整信息的前提下，进行系统性思考，全方位统筹。同时，建筑师也需要在设计的过程中通过直观技术手段进行设计目标管理，而 BIM 技术所具备的全专业可视化表达、构件级的参数化修改、专业内及专业间的协同工作，BIM 成果可与日照、气流等绿色建筑分析体系整合等特点，使得 BIM 技术成为建筑设计系统性管理的不二之选，它能够让建筑师统筹全局，系统决策，做出实用、健康、高效、人文的建筑设计成果。

BIM 技术在我国已经推广多年，在建筑设计、施工管理中越来越多地发挥出了不可替代的作用。BIM 在建筑工程行业中也趋于多元化应用模式，这种多元化的 BIM 应用模式推动了建筑产业向数字化、智慧化管理转型。在众多的 BIM 应用技术中，基于 BIM 的机电深化仍是当前工程行业中认知程度高、应用广泛、效益明显的 BIM 应用技术。基于 BIM 的机电深化无论在建筑设计阶段，还是在工程施工阶段，特别是针对医院、机场、商业综合体等复杂建筑来说是需要深入探索的领域。BIM 技术从模型到模型化，不仅仅是建筑技术的转变，更是建筑行业管理思想的转变。

智慧建造背后是建筑数字化和信息化，随着建筑行业从数字化向智能化方向发展，BIM 必将成为这场转型升级中的重要支撑。本书通过实践案例系统地讲解了 BIM 在机电深化过程的应用方法，为建筑工程的 BIM 机电应用提供指南和帮助。

中国工程院院士

广东院士联合会理事

序 二

建筑行业工业化和信息化已经成为工程建设行业改革发展的主流。自 2017 年起，住建部及各地方政府都在发布 BIM 相关政策。2020 年 7 月，住建部、国家发改委等 13 部门联合发布关于推动智能建造与建筑工业化协同发展的指导意见。意见指出，围绕建筑业高质量发展目标，以大力发展建筑工业化为载体，以数字化、智能化升级为动力，加大智能建造在工程建设各环节应用，形成涵盖科研、设计、生产加工、施工装配、运营等全产业链融合一体的智能建造产业体系。2035 年中国将全面实现建筑工业化，迈入智能建造世界强国行列。

BIM 技术自进入中国以来，十几年来已经发生了非常大的变化。从设计阶段实现 BIM 三维设计出图以提高设计质量，到施工阶段利用 BIM 模型优化和指导施工现场，再到建设单位层面的多方位、全员的管理，到政府层面实现 CIM 与智慧城市，BIM 正在推动建设管理的的变革。

BIM 发展离不开优秀的 BIM 人才。不仅需要 BIM 的技术型人才，更需要 BIM 的管理型人才。BIM 技术以及 BIM 的技术管理岗位是未来工程建设行业企业中必不可缺的岗位。企业、高校、科研院所一直以来在 BIM 技术的应用与管理方面进行科技创新，将 BIM 与工程项目管理进行深度融合，培养出了一批又一批具备 BIM 能力又具备管理能力的复合型人才，推动行业的进步与发展。

本书作者团队为具有十几年的 BIM 咨询、顾问经验的从业工作者，具备大量实践的经验。不仅对 BIM 技术有深度的掌控，也对 BIM 工作的组织与管理有很丰富的经验。作者在此之前已有数本 BIM 相关著作与教材的出版，这次是针对机电专业进行的详细讲解，从入门的软件操作到机电管线综合深化设计作了详细介绍，由浅入深，循序渐进，将作者团队的机电深化工作经验与管理经验带给读者。

BIM 在不断的发展中，给用户带来新的体验和效果，只有吸收新理念，适应新场景，开拓创新，才能不断进步。始于足下就可以以这一本 BIM 的入门书籍作为选择之一。

赵 彬

重庆大学基建规划处处长

前 言

基于 BIM 模型的机电深化设计一直是当前工程建设行业中 BIM 应用的重点，也是工程建设管理过程中的重要一环。当前建筑工程的造型、功能、空间、结构形式、机电系统、智能化系统越来越复杂，建筑工程的设计与施工的难度也在不断增大，在工程中各机电管线之间不但需要充分协调，还需要与剪力墙、结构梁之间进行充分协调，保障项目预留预埋的准确性，降低工程变更。在当前建设工程中，装配式机电管线等先进施工工艺在机电施工环节中应用越来越多，对于机电深化设计的精度提出了更高的要求，基于 BIM 的机电深化设计成为工程中第一选择。基于 BIM 的机电深化设计成为保障建筑工程品质，提升建筑质量的必备手段。

机电深化设计是没有标准答案的技术服务工作。在本书编写过程中，结合机电深化设计工作的特点，从实际工程项目中选择了某商业办公楼项目作为本书的基础案例，从创建定位信息开始，分别建立各专业 BIM 模型，结合机电深化设计的专业知识以及规范要求，系统地讲解了不同情况下的机电深化设计的处理方式，并介绍了机电专业的专业基础知识。让读者从不同的层面掌握机电深化设计过程中多种可选择的设计模式。

本书分为 8 章。第 1 章介绍了 BIM 的基础概念以及机电深化的定义和作用；第 2 章介绍了 BIM 深化设计的主流软件 Revit 的通用操作；第 3 章介绍了如何在 Revit 中创建土建专业的模型；第 4 章介绍了给水排水相关专业知识以及如何在 Revit 中创建基础的给水排水专业模型；第 5 章介绍了暖通空调专业相关知识以及如何创建暖通专业系统模型；第 6 章介绍了电气专业相关知识以及如何创建电气专业模型；第 7 章介绍了机电深化的原则与技巧，并以实例说明如何完成机电深化的实际操作步骤；第 8 章介绍了如何表达机电深化的成果。

本书由王君峰、胡添、杨万科、程蓓、王亚男编著。杨万科负责编写第 1 章和第 3 章，王君峰负责编写第 2 章，王亚男负责编写第 4 章，程蓓负责编写第 5 章、第 6 章，胡添负责编写第 7 章和第 8 章。程蓓参与编写了第 8 章中"净高分析图"部分；王君峰编写了第 8 章中"渲染与漫游"以及"导出到其他软件"两节的内容。全书由王君峰负责审核，并对每一章进行了统一的修改与调整。

在本书的编写过程中，编写团队的所有人员兢兢业业，在组织编写的几个月的时间里牺牲了无数休息时间以及周末本该与家人团聚的时间。在本书即将付梓之际，首先要感谢编写团队中每一位成员以及他们的家人，正是家人的支持、理解与辛苦付出，才让这本书能够及时顺利的完稿。

本书在编写的过程中，得到重庆筑信云智建筑科技有限公司的大力支持，本书的作者团队均来自于该公司。作为专业的 BIM 服务供应商，为本书提供了丰富的案例以及经验指导，在此一并感谢。

希望读者能够喜欢本书。由于时间及作者水平有限，本书错误再所难免，还请读者不吝指正。读者可通过扫码或加个人微信号"ruokayw"沟通反馈。

王君峰

目录

在传统工程设计过程中,施工图纸是分专业设计的,机电管线各专业图纸在设计阶段不能充分考虑其空间位置,在 BIM 未推广之前,往往通过叠图、对关键位置做剖面进行排布。BIM 的诞生使机电深化得以真正全面落地,基于 BIM 机电深化设计是当前机电深化设计的最为有效的工具。

1.1 BIM 的概念与发展

1.1.1 BIM 的基本概念

建筑信息模型的英文是 Building Information Modeling,缩写为"BIM",是指在建设工程及设施的规划、设计、施工以及运营维护阶段全生命周期创建和管理建筑信息的过程,全过程应用三维、实时、动态的模型涵盖了几何信息、空间信息、地理信息、各种建筑组件的性质信息及工料信息。对这一概念进行解释可以参考美国国家 BIM 标准:

1) BIM 是一个设施(建设项目)物理和功能特性的数字表达。为了满足工程在不同阶段的表达,BIM 模型应有不同的表达深度,称为模型深度等级(Level of Detail,LOD)。例如,对于建筑而言,在方案阶段可仅表达为具有高度和外观轮廓的基本几何图形,而在施工图阶段,应表达包括墙、门、窗细节在内的更深层级的模型。国际上,通常采用 LOD 100 至 LOD 500 来表达不同阶段的模型深度,如图 1-1 所示。通常,LOD 100 用来表达概念方案阶段的模型深度,LOD 200 用来表达初设阶段的模型深度,LOD 300 用来表达施工图阶段的模型深度,LOD 400 用来表达施工阶段的模型深度,LOD 500 用来表达竣工阶段的模型深度,通常 LOD 500 与

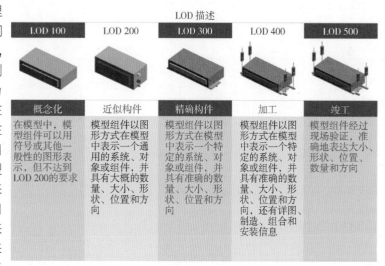

图 1-1

LOD 400 在模型深度上是一致的,由于 LOD 500 侧重于运营交付,因此二者在信息的深度要求上完全不同。随着 BIM 应用的发展,现在又发展出 LOD 350 的概念,用来表达在施工图阶段至施工之前的深化阶段模型深度。不同的 LOD 等级决定着模型的详细程度,也决定着 BIM 模型的成果要求,是 BIM 领域中非常重要的概念。

我国住房和城乡建设部在 2019 年 6 月 1 日正式实行的国家标准《建筑信息模型设计交付标准》(GB/T 51301—2018)中,对模型深度等级做了进一步的定义。在标准中,模型深度等级被定义为"模型精细度",并定义了 LOD 1.0 至 LOD 4.0 的模型精细度基本等级,建筑信息模型包含的最小模型单元应由模型精细度等级衡量。通过指定在不同等级中出现的最小模型单元,来描述 LOD 的等级,见表 1-1。

表 1-1

等级	英文名	代号	包含的最小模型单元
1.0 级模型精细度	Level of Model Definition 1.0	LOD 1.0	项目级模型单元
2.0 级模型精细度	Level of Model Definition 2.0	LOD 2.0	功能级模型单元
3.0 级模型精细度	Level of Model Definition 3.0	LOD 3.0	构件级模型单元
4.0 级模型精细度	Level of Model Definition 4.0	LOD 4.0	零件级模型单元

在《建筑信息模型设计交付标准》中,规定了四种模型单元分级,分别为项目级模型单元、功能级模型单

元、构件级模型单元和零件级模型单元。各模型单元的基本分级及用途见表1-2。

同时，该标准中还规定了在确定 LOD 的前提下，BIM 模型的几何表达深度与信息深度的指标。其中几何表达深度用代号 G 表示，并规定了 G1 至 G4 四个基本的几何表达精度等级；信息深度等级用代号 N 表示，并规定了 N1 至 N4 四个基本的信息深度等级。在不同的模型精度等级下，针

表1-2

模型单元分级	模型单元用途
项目级模型单元	承载项目、子项目或局部建筑信息
功能级模型单元	承载完整功能的模块或空间信息
构件级模型单元	承载单一的构配件或产品信息
零件级模型单元	承载从属于构配件或产品的组成零件或安装零件信息

对需求可选择不同的几何精度及信息深度方式，以满足 BIM 模型的几何及信息的表达要求。在满足设计深度和应用需求的前提下，应选取较低等级的几何表达精度。表1-3 与表1-4 分别列举了几何表达精度和信息深度等级的等级划分。

表1-3

等级	英文名	代号	几何表达精度要求
1 级几何表达精度	Leve 1 of geometric detail	G1	满足二维化或者符号化识别需求的几何表达精度
2 级几何表达精度	Leve 2 of geometric detail	G2	满足空间占位、主要颜色等粗略识别需求的几何表达精度
3 级几何表达精度	Leve 3 of geometric detail	G3	满足建造安装流程、采购等精细识别需求的几何表达精度
4 级几何表达精度	Leve 4 of geometric detail	G4	满足高精度渲染展示、产品管理、制造加工准备等高精度识别需求的几何表达精度

表1-4

等级	英文名	代号	等级要求
1 级信息深度	Leve 1 of information detail	N1	宜包含模型单元的身份描述、项目信息、组织角色等信息
2 级信息深度	Leve 2 of information detail	N2	宜包含和补充 N1 等级信息，增加实体系统关系、组成及材质，性能或属性等信息
3 级信息深度	Leve 3 of information detail	N3	宜包含和补充 N2 等级信息，增加生产信息、安装信息
4 级信息深度	Leve 4 of information detail	N4	宜包含和补充 N3 等级信息，增加资产信息和维护信息

《建筑信息模型设计交付标准》中关于模型深度的规定仅作为基本规定，可根据项目的应用需求、扩展或修改 BIM 模型的深度要求。在《建筑信息模型设计交付标准》中将 BIM 模型划分为模型深度等级、几何表达精度以及信息深度等级几个维度，在使用时十分灵活，可以根据项目的需求，自由组合。例如，针对某机电深化 BIM 应用环节，可定义结构专业的模型的深度为 LOD 2.0，几何深度等级为 G 2.0，信息深度等级为 N 1.0，而机电专业（水、暖、电）的模型的深度为 LOD 3.0，几何深度等级为 G 3.0，信息深度等级为 N 2.0。

2）BIM 是一个共享的知识资源，是一个分享有关某个设施的信息，为该设施从概念到拆除的全生命周期中的所有决策提供可靠依据的过程。建筑全生命周期管理（Building Lifecycle Management，BLM）是将工程建设过程中包括规划、设计、招标投标、施工、竣工验收及物业管理等作为一个整体，形成衔接各个环节的综合管理平台，通过相应的信息平台，创建、管理及共享同一完整的工程信息，减少工程建设各阶段衔接及各参与方之间的信息丢失，提高工程的建设效率。图 1-2 所示为 BIM 在建筑全生命周期过程中信息传递的方式。

3）在项目的不同阶段，不同利益相关方通过在 BIM 中插入、提取、更新和修改信

图 1-2

息，以支持和反映其各自职责的协同作业。

BIM 可以同时代表 "Building Information Modeling"（建筑信息模型）和 "Building Information Management"（建筑信息管理）的含义和内容。就概念的侧重点不同而言，"Building Information Modeling"（建筑信息模型）关注的重点是模型的资源特性与数字化表达；"Building Information Management"（建筑信息管理）关注的重点是基于模型信息对工程项目全生命期信息共享的业务流程的组织和控制；BIM 已由侧重于数字信息模型的创建，衍生为包括前两个概念在内的涵盖创建、管理与运用的总体范围。

美国 buildingSMART 联盟主席 Dana K. Smith 认为 BIM 就是一种把数据转化为信息、从中获得知识、推动我们智慧行动的机制，形成数据（Data）——信息（Information）——知识（Knowledge）——智慧（Wisdom）的工程建设信息化链条。

1.1.2 BIM 在我国的发展

21 世纪前 BIM 处于理论研究阶段，对 BIM 的研究由于受到计算机硬件与软件水平的限制，BIM 仅能作为学术研究的对象，很难在工程实际应用中发挥作用。

进入 21 世纪，BIM 的研究和应用取得突破性进展。计算机软硬件水平的迅速发展以及对建筑生命周期的深入理解，推动了 BIM 技术的不断前进。

BIM 在国内的发展起步较晚，很长一段时间只是停留在 BIM 软件的应用上。目前，BIM 已被行业内普遍认可，深入应用的需求正在不断加剧，发展已经进入深水区，如何利用模型的信息成为了行业关注的焦点。

2015 年 6 月，住房和城乡建设部印发了《关于推进建筑信息模型应用的指导意见的通知》，通知中提到"到 2020 年末，建筑行业甲级勘察、设计单位以及特级、一级房屋建筑工程施工企业应掌握并实现 BIM 与企业管理系统和其他信息技术的一体化集成应用。"BIM 技术已经成为支撑我国工程行业发展的重要技术。

设计阶段的 BIM 应用模式已基本固定，施工阶段和运维阶段的成熟应用模式还未形成。我国 BIM 发展过程见表 1-5。

表 1-5

时间	BIM 发展过程	具体表现
2002—2005 年	概念导入阶段	IFC 标准研究，BIM 概念引入
2006—2014 年	试点推广阶段	BIM 技术、标准及软件研究；大型建设项目试用 BIM
2015—2016 年	快速发展及深度应用阶段	大规模工程实践；BIM 标准制定，政策支持
2017—2018 年	不断提高阶段	开设 BIM 大赛；装饰 BIM 被列入 BIM 等级考试
2019 年	不断提高阶段	技术信息化；管理信息化

自从 BIM 走进我国市场以来，便在我国建筑行业掀起了 BIM 热潮，无论是建筑类大学的教授，还是建筑行业的精英都纷纷进行研究与应用，BIM 在我国受到了高度重视。BIM 应用在我国的工程项目上更是层出不穷，例如我国第一高楼上海中心、北京第一高楼中国尊、华中第一高楼武汉中心等。

目前我国对 BIM 的应用集中处于设计、施工阶段，随着建设单位和运营单位对 BIM 的认识逐渐增加，万达、龙湖等大型房地产商也在积极探索与应用 BIM 进行项目管理应用。一项针对设计企业以及施工企业应用 BIM 的主要因素调查表明，设计企业与施工企业应用 BIM 的驱动因素并不相同（见表 1-6），BIM 正在我国的工程建设中取得巨大的应用价值。

表 1-6

设计企业的答案	施工企业的答案
1. 标准化/法规	1. 提升质量/标准度
2. 成本/利润	2. 效率/便利性
3. 效率/便利性	3. 项目管理/系统整合
4. 提高 BIM 熟悉程度/应用率	4. 提高 BIM 熟悉程度/应用率
5. 项目管理/系统整合	5. 成本/利润

1.2 BIM 机电深化应用概述

机电工程包括给水排水系统、消防系统、采暖通风系统、防烟排烟系统、照明系统、弱电系统、强电系统、动力系统等，机电管线设备众多且需要依托土建进行设计、排布，机电专业设计施工的好坏会直接影响工程品质及使用体验。采用 BIM 技术进行机电深化是最为有效的，在开展机电深化前需明确机电深化的目标、应用场景。

1.2.1 机电深化应用目标

传统也有类似于"管线综合"的做法，设计院或者施工单位会在一些管线集中的位置做剖面图，在剖面图上初步进行管线排布，但是这样的做法很有局限性，不能全面判断整个项目的管线排布情况，并且无法可视化、信息化、不具有传递性。采用传统方法往往还存在大量的碰撞、净高问题，机电实际施工与设计图纸不符、支（吊）架施工不合理、预留预埋不准确、材料浪费多、拆改返工多、现场混乱、进度慢，无法快速、准确施工。采用 BIM 技术，将各专业 BIM 模型集成整合后进行管线综合，然后再进行碰撞检查、净高分析。相较于人工叠图，管线碰撞检查效率极大提升，由于是软件计算，不会出现人工排查过程中的遗漏问题，可完全杜绝管线碰撞问题。并且基于 BIM 模型可对每个功能区域进行净高分析。施工阶段进行机电深化，基于深化后的模型出各种用于机电安装的图纸。

目前机电深化应用主要集中在设计和施工阶段，见表 1-7。设计阶段主要应用的目标有：机房管井优化、管线综合排布、碰撞检查、净高管控、协同设计。施工阶段主要的应用目标有：模型深化、各专业深化图纸、支（吊）架图纸、预留预埋图纸、DPTA（装配式）机房深化。

表 1-7

阶段	应用目标	应用内容
设计阶段	机房管井优化	机房和管井的尺寸、数量及位置的合理性进行分析优化
	管线综合排布	机电各专业管线综合在一起进行排布，排布管线为主管线，不包括支管与末端
	碰撞检查	建筑、结构、给水排水、暖通、电气等专业的模型综合在一起进行碰撞检查，找出有问题的地方
	净高管控	对每一个功能区域进行净高分析，形成净高分布图，然后与净高需求进行对比，找出净高不足的位置
	协同设计	对碰撞检查的结果、净高不足的地方进行协同，得出解决方案，直至无碰撞、所有地方净高问题得以解决
施工阶段	模型深化	承接设计阶段的模型，完善支管末端，考虑施工规范及做法进行机电最后深化，包含支管末端、支（吊）架、预留预埋
	各专业深化图纸	基于机电深化后的模型出给水排水、暖通、电气等专业图纸
	支（吊）架图纸	基于机电深化后的模型出支（吊）架位置图、大样详图
	预留预埋图纸	基于机电深化后的模型出预留孔洞图、预埋套管图
	DPTA（装配式）机房深化	对机房单独进行深化，然后进行拆分，基于拆分后的单元模型出详细的加工图纸，工厂根据图纸生产各个单元，各个单元作为成品运送至现场安装

1.2.2 机电深化应用场景

1. 设计阶段

如图 1-3 所示，对机电各系统的管线进行统一的空间排布，确保机电管线可以满足自身系统以及其他系统的整体要求。管线综合是用于形成或验证设计成果合理性的 BIM 应用。

设计阶段主要管线综合排布后，如图 1-4 所示，使用软件自动进行全面的碰撞检查，对有碰撞的地方逐个调整，确保机电主管线与土建之间无碰撞、机电主管线之间无碰撞。

碰撞调整完成后，对建筑的每一个功能区域进行净高分析，形成净高分布图，如图 1-5 所示。

结合项目净高需求，判断各个功能区域的净高是否满足使用要求，对有问题的地方进行协调，可通过多专业网络会议或者现场会议的方式进行讨论、解决问题。

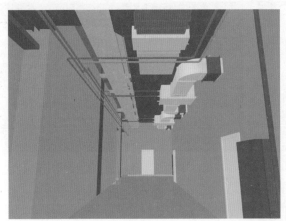

图 1-3

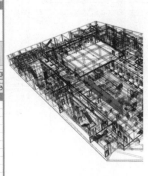

图 1-4

如图 1-6 所示，该区域净高不满足要求，管线已不能调整，通过把同截面悬挑梁调整为变截面悬挑梁，在悬挑末端梁截面变小，为管线排布创造了空间，净高问题得以解决。

如图 1-7 所示，该区域净高不满足要求，通过管线重新排布，风管在走道范围内提升到梁底、右侧翻弯，喷头提升，净高从 2612mm 增加到 2800mm，问题得以解决。

2. 施工阶段

设计阶段管线综合是针对机电方案整体进行综合排布，对于支管末端不进行深化，且支（吊）架、预留预埋深化也在施工阶段完成。如图 1-8 所示，延续设计阶段模型，根据机电安装方案及工艺，进行机电施工二次深化，补充支管末端及支（吊）架。

如图 1-9 所示，施工阶段深化后的模型，对关键节点设计净高进行复核，出管线排布安装方案详图。

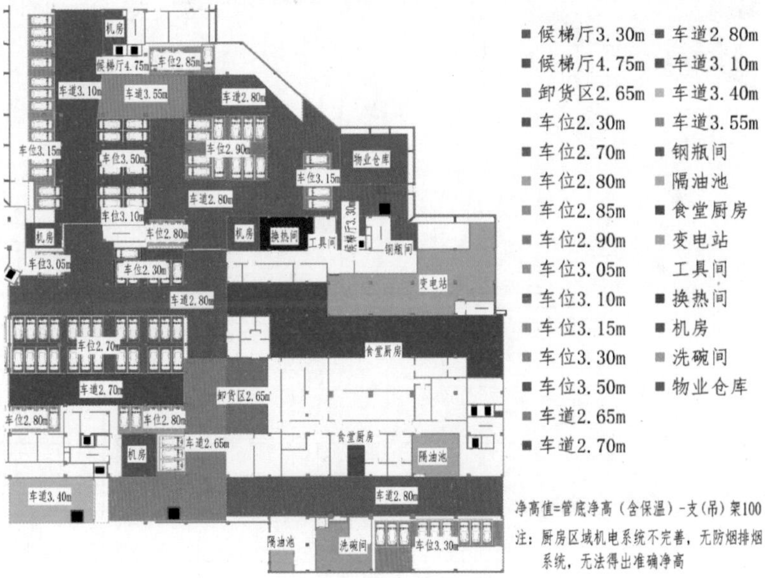

图 1-5

净高值=管底净高（含保温）-支（吊）架100
注：厨房区域机电系统不完善，无防烟排烟系统，无法得出准确净高

■ 候梯厅3.30m ■ 车道2.80m
■ 候梯厅4.75m ■ 车道3.10m
■ 卸货区2.65m ■ 车道3.40m
■ 车位2.30m ■ 车道3.55m
■ 车位2.70m ■ 钢瓶间
■ 车位2.80m ■ 隔油池
■ 车位2.85m ■ 食堂厨房
■ 车位2.90m ■ 变电站
■ 车位3.05m   工具间
■ 车位3.10m ■ 换热间
■ 车位3.15m ■ 机房
■ 车位3.30m ■ 洗碗间
■ 车位3.50m ■ 物业仓库
■ 车道2.65m
■ 车道2.70m

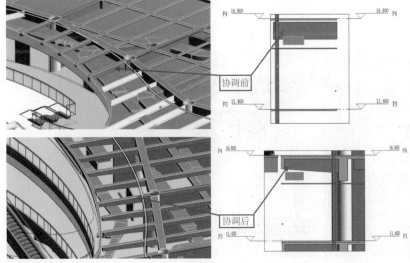

图 1-6

如图 1-10 所示，依据深化后的模型，出机电各专业管线施工图、支（吊）架施工图、预留预埋施工图用于实际施工。

如图 1-11 所示，在施工过程中，要严格按照深化后的模型进行施工，模型最终落地，确保施工的结果与模型一致。

3. DPTA 机房

DPTA 机房全称为装配式机房，其中：D 代表 Design（设计），将机房模型整合优化、分段成组、管段编号、出具大样图；P 代表 Prefabricate（预制），场外加工、管段拼装成组、预留拼接口；T 代表 Transport（运输），成段成组由加工场地运输至现场后，场内运输至机房；A 代表 Assemble（装配），按照顺序进行组装连接。

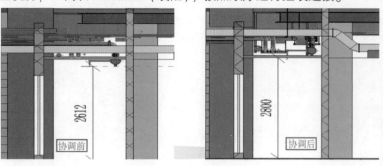
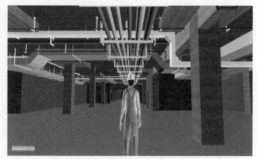

图 1-7　　　　　　　　　　　　　　　　　　图 1-8

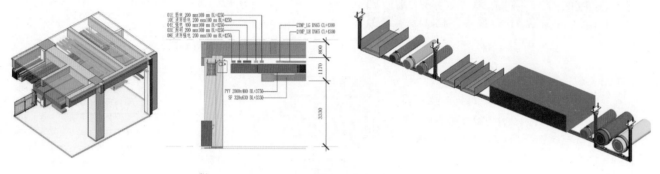

图 1-9

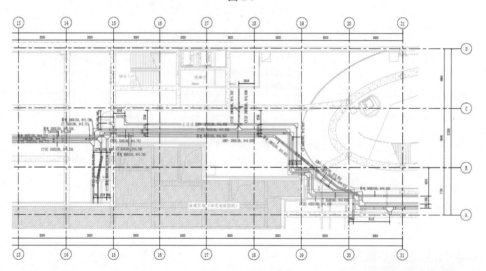

图 1-10

图 1-11

机房内设备管线非常密集，采用 BIM 技术进行机房深化可大大提高机房深化的效率。如图 1-12 所示，在图左侧机房中把机房设备管线拆分成图右侧所示几种完全相同的单元，通过接口可快速地把这些单元组装起来，形成完整的机房。

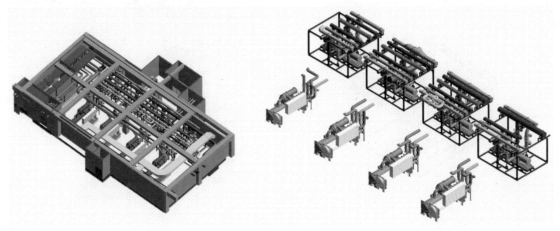

图 1-12

根据深化后的机房模型出详细的机房安装图纸，如图 1-13 所示，包含冷机接管图、水泵剖面图、泵组接管图。这些图纸用于各单元定位组装。

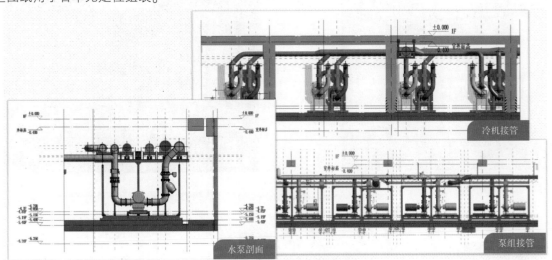

图 1-13

拆分出来的单元由管线、连接件、设备等组成，分别对各个构件进行编号、记录详细的类型、尺寸、材质、型号，如图 1-14 所示，便于工厂采购、下料及生产。

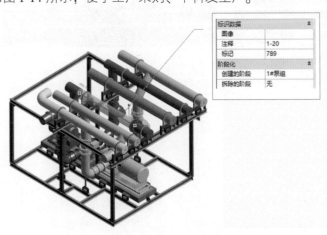

图 1-14

如图 1-15 所示，对各单元的支架进行深化，并对其进行受力分析，确定单元吊运、吊装的吊点位置。

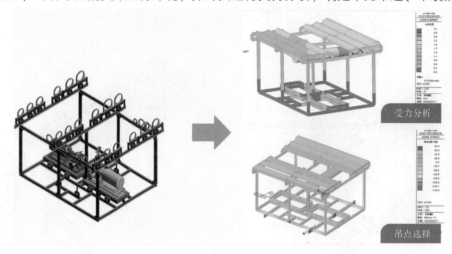

图 1-15

如图 1-16 所示，各单元深化完成后，相应模型、图纸转交给加工厂进行预制，预制完成后装车运输至工地，然后吊装至机房相应位置，最后进行碰头接驳完成拼装。

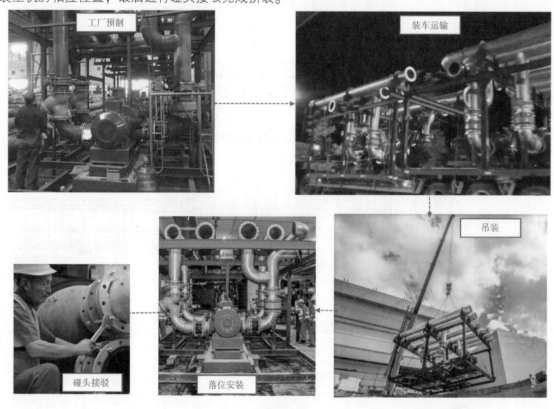

图 1-16

1.2.3 机电深化应用成果

采用 BIM 技术进行机电深化，可以规避大量的碰撞、净高问题，并且多专业模型综合在一起，利用可视化的特点，极大地提升了深化设计效率和质量。深化后模型用于施工，基本做到现场零返工。BIM 机电深化，在提升可视化、加强专业协调、提升商务成本管控方面效果较为显著。在规范现场的管理流程、提升沟通效率、推进使用信息化进行安全质量管理方面具有显著优势。

DPTA（装配式）机房借助 BIM 技术进行深化，使得普通的作业人员也能实施复杂机房内的施工，使得机房施工能够有序推进，并在一定程度上规避大量的人力投入、长时间施工，从而节约项目成本。

总的说来，基于 BIM 技术的机电深化，能大大提高设计效率及质量，避免严重的设计错误、避免大量的变更产生，同时基于施工阶段深化模型，机电安装能有序、准确进行，提高安装效率、避免拆改。机电深化能加快整个项目的建设进度、节省工期，避免大量改单及安装返工，从而降低成本，且能明显提升工程质量。

1.3 BIM 机电深化设计策划

机电深化工作是由团队完成的，需要有明确的工作内容及工作流程，才能确保工作顺利有序进行。工作内容体现在整个机电深化工作划分为哪些文件，文件是如何组织的，通过详细的工作流程把这些文件运用起来。

1.3.1 文件组织

如图 1-17 所示，各个专业模型创建之前都有相应的项目样板文件，依据各自的项目样板文件分层分专业创建模型。单专业模型创建完成后，机电各专业模型每层综合为一个模型，机电分层综合模型链接建筑、结构模型进行管线调整。在软件中的工作流程详见本书第 2 章相关内容。

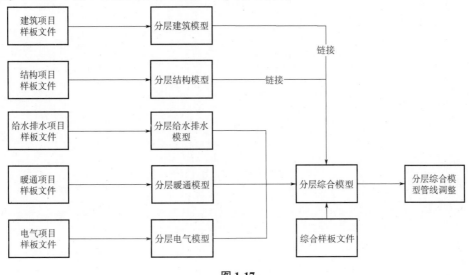

图 1-17

1.3.2 机电深化的模型工作流程

目前机电深化的工作主要集中在设计阶段与施工阶段，如图 1-18 所示，设计阶段前期制订各专业的项目样板文件，统一制订标高轴网，然后进行各专业模型创建。单专业模型创建完成后，机电各专业每一层综合成一个文件，每层综合文件链接相应的建筑、结构模型进行主管线调整，再进行碰撞检查、净高分析，直至问题解决。设计阶段最后出图及制作需要的漫游、表现。施工图阶段延续设计阶段的模型补充完善支管、末端，再次进行碰撞检查、净高复核，然后依据模型出相关的机电深化图纸、漫游与表现，最后依据模型、图纸指导机电安装。

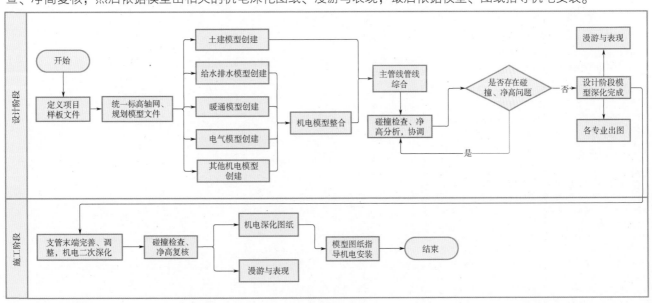

图 1-18

1.4　本章小结

　　本章主要介绍了 BIM 的基本概念及发展、基于 BIM 的机电深化的意义、机电深化的目标、应用场景及价值、机电深化的工作内容及流程。通过本章的学习，使大家对机电深化价值、内容、方式及流程有了大致的了解。

Revit 最早是美国一家名为 Revit Technology 公司于 1997 年开发的三维参数化建筑设计软件。Revit 的原意为：Revise immediately，意为"所见即所得"。2002 年，美国 Autodesk 公司以 1.33 亿美元收购了 Revit Technology，Revit 正式成为 Autodesk BIM 产品线中的一部分。经过多年的开发和发展，Revit 已经发展成为包含建筑、结构、机电多专业的 BIM 工具，并横跨设计、施工、运维多个阶段，成为全球知名的三维参数化 BIM 平台。在国内机电深化专业中，Revit 已经成为行业内通用的软件平台。

2.1 Revit 软件界面

Revit 提供了用于创建机电深化设计中所需要的建筑、结构、暖通、给水排水、电气等各专业图元的对象创建工具，也提供了机电深化中 BIM 模型的浏览、编辑、查询、管理相关的工具。学习与掌握这些工具，是利用 Revit 完成机电深化设计的基础。Revit 具有自身的操作特点。接下来，本书将以 Revit 2018 版为例，学习 Revit 中的软件操作基础。

Revit 是标准的 Windows 应用程序。以 Windows 10 为例，安装完成 Revit 后，单击"Windows→所有程序→Autodesk→Revit"或双击桌面 Revit 快捷图标 **R** 即可启动 Revit。

启动 Revit 后，默认将显示"最近使用的文件"界面。单击"项目"列表中"打开"按钮，浏览至随书文件"第 2 章 \ RVT \ ZHMX_ZH_B01.rvt"项目文件。Revit 进入项目查看与编辑状态，默认将打开"3D-制冷机房"三维视图。移动鼠标至场景中任意构件位置单击将选择该对象，Revit 将显示与所选择构件相关联的绿色"上下文"选项卡。Revit 软件界面如图 2-1 所示。

图 2-1

2.1.1 功能区界面

Revit 采用标准的 Ribbon 界面，该界面由快速访问栏、选项卡、面板、工具、浮动面板、视图显示区域等部分组成。鼠标单击选项卡的名称，可以在各选项卡中进行切换，每个选项卡中都包括一个或多个由各种工具组成的面板，每个面板都会在下方显示该面板的名称。例如单击"系统"选项卡，将切换至机电系统创建相关面板中，如图 2-2 所示，该选项卡中包括"HVAC""预制""机械""卫浴和管道""电气""模型""工作平面"等共计 7 个工作面板，在 HVAC 面板中包含风管、风管管件等工具。单击面板上的工具图标可以执行该工具。请读者自行在不同的选项卡中切换，熟悉各选项卡中所包含的面板及工具。

图 2-2

🔊 **提示**

> 由于当前视图为三维相机视图，因此大部分工具处于灰色不可用状态。可通过项目浏览器切换至任意楼层平面视图，使工具变为可用状态。

Revit 提供了三种不同的功能区面板显示状态。单击选项卡右侧功能区状态切换符号可以切换选项卡的不同显示状态，分别为最小化为选项卡、最小化为面板标题和最小化为面板按钮，各面板的界面显示状态如图 2-3 所示。

移动鼠标至面板中工具图标上并稍做停留，Revit 会弹出当前工具的名称及文字操作说明。如果鼠标继续停留在该工具处，将显示该工具的具体的图示说明，对于复杂的工具，还将以演示动画的形式给予说明，如图 2-4 所示，方便用户直观地了解各个工具的使用方法。

Revit 界面中，单击工具面板名称旁的箭头符号可打开相应的设置对话框用于设置该

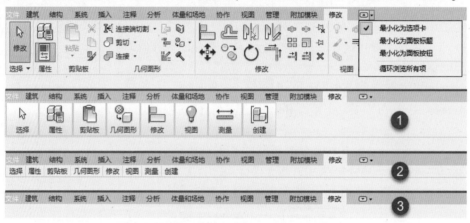

图 2-3

类别对象的相关设置属性。例如单击"系统"选项卡中"HVAC"面板右侧的箭头符号，将打开如图 2-5 所示的"机械设置"对话框，用于设置暖通空调图元的显示方式及绘制方式。

图 2-4

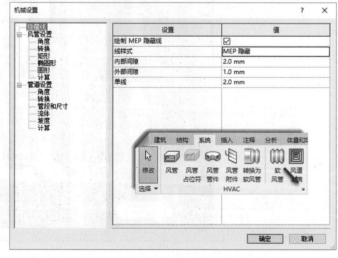

图 2-5

鼠标左键按住并拖动工具面板标题位置时，可以将该面板拖拽至当前选项卡中其他位置，用于改变功能面板的位置。也可以将面板拖拽至绘图区域的任意位置，使该面板变为浮动面板。浮动面板将不随当前选项卡的切换而变化。可随时单击如图 2-6 所示浮动面板右上方的"将面板返回到功能区"符号使浮动面板返回该面板原来所在的选项卡中。

对于面板中经常使用的工具，可以在面板中右键单击该工具，在弹出右键菜单中选择"添加到快速访问工具栏"将所选择的工具添加到快速访问工具栏。如图 2-7 所示，可以通过

图 2-6

图 2-7

Revit 快速访问栏直接访问其中的工具，其功能与面板中执行该工具相同。由于快速访问栏将一直显示在主界面中而不需要在不同的选项卡间进行切换，从而提高命令的执行效率。

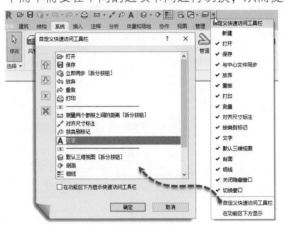
图 2-8

如图 2-8 所示，单击快速访问栏后方的"自定义快速访问工具栏"下拉菜单，可控制默认工具是否在快速访问栏中显示；单击"自定义快速访问工具栏"选项，将打开"自定义快速访问工具栏"对话框。在该对话框中，可以对快速访问栏中各工具的显示顺序、显示分组进行调节，并可通过勾选"在功能区下方显示快速访问工具栏"选项将快速访问栏显示在功能区的下方。

2.1.2 上下文选项卡及选项栏

在 Revit 中执行任何工具命令后，Revit 将自动切换至上下文选项卡，并以淡绿色显示该上下文选项卡的内容。如图 2-9 所示，为使用"风管"工具后上下文选项卡显示为"修改 | 放置风管"，在该选项卡中，除显示"修改"选项卡中

的相关工具面板外，还包含"放置工具"和"标记"两个绿色面板，绿色面板中的工具随当前选择的工具不同而不同，因此称之为上下文关联面板。在该面板中可以在使用工具时选择与该工具相关的操作选项，例如在"放置工具"面板中可以控制绘制风管时的"对正"方式以及是否启用"自动连接""继承高程"和"继承大小"的选项。

与上下文选项卡关联的是选项栏。选项栏默认位于功能区工具面板下方，用于设置当前正在执行的操作的细节设置。选项栏的内容用于进一步对当前执行的工具的参数进行设置，例如图 2-9 中选项栏显示当执行风管工具时，可以通过选项栏对所绘制的风管

选项栏　　　　上下文选项卡

图 2-9

的宽度和高度在下拉列表中进行选择设置，并指定绘制风管时的"偏移值"用于确定风管距离当前标高的高度。右键单击选项栏的空白位置，在弹出菜单中选择"固定在底部"可将选项栏固定在 Revit 界面的下方。

🔊 提示

在"属性"面板中也可以直接修改相关尺寸参数值，其作用与选项栏相同。

状态栏位于界面的左下方，用于给出当前相关执行命令的提示。如图 2-10 所示，在执行"风管"命令后，状态栏提示下一步的操作为在绘图区域"单击以输入风管起点"。当选择不同的工具时，Revit 会在状态栏中给出不同的提示内容。多注意状态栏的提示，对于快速掌握 Revit 软件的操作大有裨益。

2.1.3 属性面板

在 Revit 中"属性"面板可以查看和修改 Revit 中各图元的参数。在机电深化的过程中，通常需要查询、修改各管线的系统类型、管道尺寸、管线高度等信息，可以通过读取和修改属性面板中各相应的参数来进行查询和修改。Revit 属性面板各部分功能如图 2-11 所示。可以通过按键盘 Ctrl + 1 打开或关闭"属性"面板。

"属性"面板中显示的内容随在项目中选择的图元属性的不同而变化。

图 2-10

如未选择任何图元，将显示当前视图的属性。修改"属性"面板中对应参数名称，将修改图元的相关的信息。例如，修改网管的宽度值和高度值，将修改项目中所选择风管的几何尺寸。

单击"属性"面板中"编辑类型"按钮，将打开"类型属性"对话框，如图 2-12 所示。该对话框中将显示与当前对象相关的族类型参数。不同的图元具有不同的类型参数。以风管为例，在类型属性中可以看到当前的采用的族为"系统族：矩形风管"，当前的类型为"镀锌风管"，而在该类型属性中，仅提供了"粗糙度"和"布管系统配置"等简单的几个类型参数供用户设置。

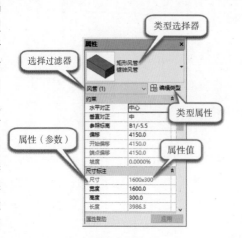

图 2-11

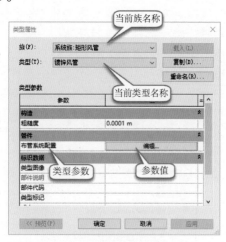

图 2-12

单击"布管系统配置"后的"编辑"按钮，Revit 将弹出"布管系统配置"对话框，在该对话框中可以对矩形风管的接头方式进行设置。继续单击"风管尺寸"，将弹出"机械设置"对话框，可以进一步对风管的公称尺寸进行设置，如图 2-13 所示。这些尺寸设置将成为在创建风管时的尺寸列表中可选择的尺寸，并将成为影响项目中所有该类型风管的基本设置。

图 2-13

族与族类型是 Revit 中非常重要的概念，族是 Revit 管理对象的一种方法。在本书第 2 节中将详细介绍族与族类型。

2.1.4 项目浏览器

Revit 中的项目浏览器用来组织和管理当前项目中包括的所有信息，包括项目的视图、族、链接等项目资源。Revit 使用树形结构来管理各相关资源。Revit 按逻辑层次关系组织这些项目资源，方便用户管理。展开和折叠各分支时，将显示下一层级的内容。如图 2-14 所示为项目浏览器中包含的项目内容。项目浏览器中，项目类别前显示"⊞"表示该类别中还包括其他子类别项目。在 Revit 中进行 BIM 模型创建和查看时，最常用的操作就是通过项目浏览器在各视图中切换。如图 2-14 所示，展开视图类别中"楼层平面（01-AC-暖通）"类别，Revit 将显示该楼层平面类别中所有可用楼层平面视图，双击任意楼层平面视图名称，可切换至指定视图。

Revit 中的视图包括楼层平面视图、立面视图、剖面视图、三维视图、图纸视图、明细表视图、图例视图等多种视图类型。在 Revit 中任意类型的视图均可以根据规则生成多个视图。例如，对于机电深化设计来说，地下室一层楼层通常会生成

图 2-14

水、暖、电三个专业的平面视图，而各专业又会根据需要按系统生成更为详细的系统平面视图，例如暖通专业在深化设计时会生成空调风、通风防烟排烟、空调水等不同专业的楼层平面视图。

Revit 可以为各类视图设置不同类型。双击任意楼层平面视图名称切换至楼层平面视图，在不选择任何图元的情况下，属性面板中将显示当前楼层平面视图的视图属性。如图 2-15 所示，在"类型选择器"下拉列表中，可以选择设置当前视图的类型名称；单击"编辑类型"按钮，打开"类型属性"对话框，在该对话框中可以使用"复制""重命名"等方式新建或修改视图的类型名称，并可以为该类视图指定视图样板，以满足各类视图显示控制的要求。

Revit 为项目浏览器提供了浏览器组织设置功能用于设置各视图的显示方式。如图 2-16 所示，右键单击项目浏览器中"视图"类别，在弹出右键菜单中选择"浏览器组织"，弹出"浏览器组织"对话框。在"视图"列表中选择"类型/规程"，单击"编辑"按钮，将打开"浏览器组织属性"对话框，在该对话框中可以对项目浏览器的显示方式设置过滤器以及成组和排序的条件。

如果希望快速查找指定名称的视图，可以在项目浏览器中直接按键盘 Ctrl + F3，弹出"在项目浏览器中搜索"对话框，可以输入视图名称或关键字查找到指定的视图，如图 2-17 所示。项目浏览器设置及视图的控制，特别是视图样板的定义是 Revit 中完成机电深化设计的重要基础工作。在《Revit 建筑设计思维课堂》一书中对项目浏览器的设置及视图、视图样板有详细的介绍，请读者参考相关的书籍，在此不再赘述。

在机电深化设计中，机电管道系统的定义非常重要。如图 2-18 所示，在项目浏览器中依次展开"族"→"管道系统"→"管道系统"类别，可显示当前项目中所有预定义的可用的系统。双击任意系统的名称将弹出"类型属性"对话框，允许对该系统进行进一步的参数设定。还可以使用"复制"或"重命名"按钮新增或修改管道系统的名称，以满足机电深化设计的需求。

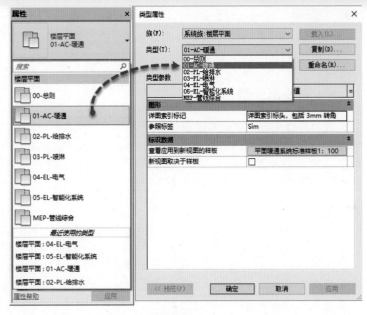

图 2-15

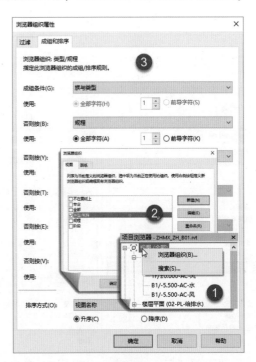

图 2-16

图 2-17

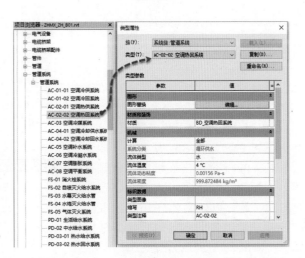

图 2-18

在机电深化设计中，机电系统类型的管理非常重要。可以在 Revit 的项目样板中预设常用的机电类型，以方便在机电深化设计中直接使用预设的管道系统。

2.1.5 系统浏览器

为方便在机电深化设计中对项目中的各类机电系统及设备进行管理，Revit 提供了系统浏览器，用来集中管理当前机电深化项目中的各类设备。如图 2-19 所示，在系统浏览器中可根据规程分别显示机械（暖通空调）、管道（给水排水及空调水）和电气三种不同的系统。并按系统类别、系统类型、系统名称、设备族名称的方式按树状结构组织在系统浏览器中。

按快捷键 **F9** 可快速打开和关闭系统浏览器面板。

如图 2-20 所示，在所选择的设备上单击鼠标右键，在弹出右键菜单中选择"显示"，Revit 会自动缩放当前视图并高亮显示该设备。如果在当前视图中无法显示该图元（例如所选择的设备不在当前楼层标高中），Revit 会自动查找项目浏览器中定义的其他可用视图，并自动打开可以显示该设备的视图。注意，如果在列表中选择"删除"，Revit 将从当前项目中删除所选择的图元，而不仅仅是从系统浏览器列表中删除该选项。

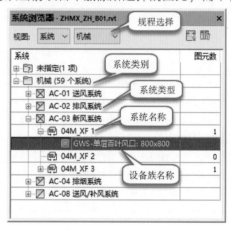

图 2-19

图 2-20

在系统浏览器中仅显示机电设备，项目中绘制的各类管道并不显示在系统浏览器中。

在系统浏览器中，选择图元后，属性面板中将显示所选择图元的属性信息。如图 2-21 所示，可见图元属性中的系统类型及系统名称均在系统浏览器中按对应的层级关系正确显示。

属性面板、项目浏览器及系统浏览器面板均属于浮动面板。如图 2-22 所示，单击"视图"选项卡"窗口"面板中"用户界面"下拉列表，可通过勾选"属性""项目浏览器"及"系统浏览器"前的复选框来打开或关闭相应的面板。

在 Revit 中当拖动浮动面板至屏幕边缘时，Revit 会给出面板的放置方式的预览。当多个面板重叠放置时，Revit 会给出面板的组合显示的形式。图 2-1 中显示了属性面板与项目浏览器堆叠的显示方式。还可以如图 2-23 所示将多个面板合并在一起。通过单击下方面板名称来切换不同的面板，以最大限度节约屏幕空间。

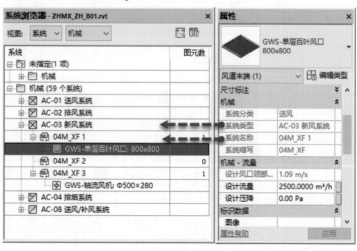

图 2-21

图 2-22　　　　　　　　　　　图 2-23

2.2　Revit 中常见术语

要进行机电深化设计，需要先了解 Revit 软件中的几个重要概念。Revit 中大部分的对象工具都采用工程对象术语，例如机械设备、电缆桥架、线管等。软件中也包括几个专用的术语，读者务必全面理解和掌握。

Revit 中常见的术语包括参数化、项目、项目样板、对象类别、族、族类型、族实例以及接口。必须理解这些术语的概念与涵义，才能灵活使用 Revit 的各项功能完成机电深化设计。

Revit 拥有自己专用的数据存储格式，且针对不同的用途的文件，Revit 将存储为不同格式的文件。在 Revit 中，最常见的几种类型的文件为：项目文件、样板文件和族文件。

2.2.1　参数化

"参数化" 是 Revit 软件的重要特性，也是基于 BIM 进行机电深化设计的优势之一。参数化设计（Parameric Design）也称变量化设计（Variational Design）是美国麻省理工学院 Gossard 教授提出的，它是 CAD 领域里的一大研究热点。近十几年来，国内外从事 CAD 研究的专家学者之所以对其投入极大的精力和热情进行研究，是因为参数化设计在工程实际中有广泛的应用价值。在 Revit 中所谓参数化是指各模型图元之间的约束关系，例如约束图元间的相对距离、管道共线等，Revit 会自动记录这些几何约束特征并自动维护几何图元之间的关系。例如，当指定风管距离楼面标高的高度为 2800mm，当修改标高高度时，Revit 会自动修改风管的位置，以保障其距离标高的高度为 2800mm。构件间的参数化关系可以在创建模型时由 Revit 自动创建，也可以根据需要由用户手动创建。

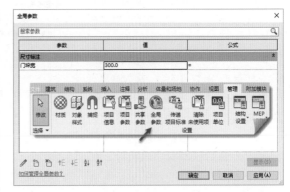

图 2-24

参数化设计是 Revit 的一个重要特征，它分为两个部分：参数化图元和参数化修改引擎。Revit 中的图元都是以 "族" 的形式出现，这些构件是通过一系列参数定义的。参数保存了图元作为数字化建筑构件的所有信息。

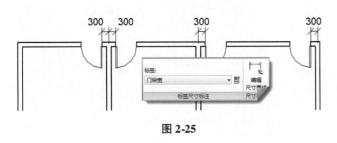

图 2-25

Revit 提供了全局参数功能，可以在项目中自定义全局参数，使用该参数对项目进行全面的参数控制。例如，可以定义 "门垛宽" 参数值，如图 2-24 所示为 "全局参数" 对话框中定义 "门垛宽" 参数的示例。

定义全局参数后，可以将该参数应用于项目所有门垛的位置，如图 2-25 所示，当修改全局参数值时，所有应用该参数的门垛将同时进行修改。

🔊 提 示

在 Revit 中可以通过添加尺寸标注后为尺寸标注添加 "参数"，并通过参数值驱动和约束图元。

2.2.2 项目

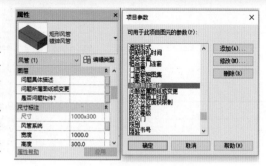

Revit 中所有的设计的模型、视图及信息都被存储在一个后缀名为 ".rvt" 的 Revit "项目" 文件中。在项目文件中，将包括设计中所需的全部 BIM 信息。这些信息包括建筑的三维模型、平立剖面及节点视图、各种明细表、施工图图纸以及其他相关信息。可以说项目即是一个集成的工程信息数据库。Revit 允许用户根据管理需要自定义参数，从而扩展 BIM 的信息层级，如图 2-26 所示为通过使用 "项目参数" 为风管添加的自定义参数 "问题具体描述" 以及 "问题所属图纸或变更"。

图 2-26

🔊 **提 示**

> 在 "管理" 选项卡 "设置" 面板中可以找到 "项目参数" 工具。

在 Revit 中，所有的项目在保存时均可控制是否生成项目的备份文件，如图 2-27 所示。通过指定 "最大备份数" 可以设置保留的备份数量。Revit 会自动按保存次序将备份文件数命名为 fileName. 001. rvt、fileName. 002. rvt、fileName. 003. rvt……直到达到最大备份数量后，将删除最早的备份文件。可以在保存文件时通过 "保存" 对话框中单击 "选项" 按钮打开 "文件保存选项" 对话框。

2.2.3 项目样板

当在 Revit 中新建项目时，Revit 会自动以一个后缀名为 ".rte" 的文件作为项目的初始条件，这个 ".rte" 格式的文件称为 "样板文件"。样板文件中定义了新建的项目中默认的初始参数，例如：项目默认的度量单位、默认的楼层数量的设置、层高信息、线型设置、显示设置等。Revit 允许用户自定义自己的样板文件的内容，并保存为新的 .rte 文件。

图 2-27

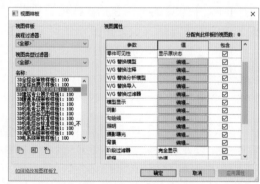

图 2-28

可以在样板中预设机电系统的名称、视图的样板等机电深化过程中常用的设置。可以大大地提高机电深化工作的效率与标准化工作程度。如图 2-28 所示为在 Revit 样板中预设的视图样板，可以在各视图中通过应用视图样板来自动调整视图的显示方式，自动为指定的机电管线系统添加预设的系统颜色，以满足机电深化成果的展示。

使用 "管理" 选项卡 "设置" 面板中 "传递项目标准" 功能可以在已有的几个项目样板间进行预设的标准的传递。关于传递项目标准的详细操作请参考本系列丛书《Revit 建筑设计思维课堂》中相关章节。

2.2.4 对象类别

Revit 不提供图层的概念。Revit 中的轴网、墙、风管、尺寸标注、文字注释等对象以对象类别的方式进行自动归类和管理。Revit 通过对象类别进行细分管理。例如，模型图元类别包括墙、楼梯、楼板、卫浴装置等；注释类别包括门窗标记、尺寸标注、轴网、文字等。

在项目任意视图中通过按键盘默认快捷键 VV，将打开 "可见性/图形替换" 对话框，如图 2-29 所示，在该对话框中可以查看 Revit 包含的详细的类别名称。

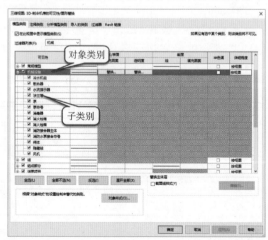

图 2-29

点击过滤器列表可切换不同的规程中包含的对象类别。

注意在 Revit 的各类别对象中，还将包含子类别定义，例如机械设备对象类别中，还可以包含冷水机组、散热器等子类别。Revit 通过控制对象中各子类别的可见性、线型、线宽等设置，控制三维模型对象在视图中的显示，以满足机电深化设计出图的要求。

在创建各类对象时，Revit 会自动根据对象所使用的族将该图元自动归类到正确的对象类别当中。例如，放置管道时 Revit 会自动将该图元归类于"管道"对象类别。

2.2.5 族

Revit 的项目是由墙、门、窗、楼板、楼梯等一系列基本对象"堆积"而成，这些基本的零件称为图元。除三维图元外，包括文字、尺寸标注、详图线等单个对象也称为图元。

族是 Revit 项目的基础。Revit 的任何单一图元都由某一个特定族产生。例如，一根水管、一台水泵、一个尺寸标注、一个图框。由一个族产生的各图元均具有相似的属性或参数。例如，对于一个平开门族，由该族产生的图元可以具有相同的高度、宽度等参数，但具体每个门的高度、宽度的值可以不同，这由该族的类型或实例参数定义决定。

在 Revit 中，族可划分为三种类型：

1. 可载入族

可载入族是指单独保存为族.rfa 格式的独立族文件，且可以随时载入到项目中的族。Revit 提供了族样板文件，允许用户自定义任意形式的族。在 Revit 中门、窗、结构柱、卫浴装置等均为可载入族。如图 2-30 所示为空调泵族，在该族中定义了泵的几何形状，并定义了进水、出水的管道接口位置以及电气的接口信息。

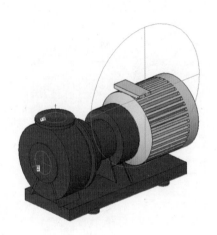

图 2-30

2. 系统族

系统族仅能利用系统提供的默认参数进行定义，不能作为单个族文件载入或创建。系统族包括风管、管道、导线、屋顶、楼板、尺寸标注等。系统族中定义的族类型可以使用"项目传递"功能在不同的项目之间进行传递。注意，在 Revit 中系统族中可以嵌套多个可载入族，例如在系统族"栏杆扶手"中可嵌套扶手轮廓、栏杆族等多个可载入族，生成如图 2-31 所示的复杂族图元。

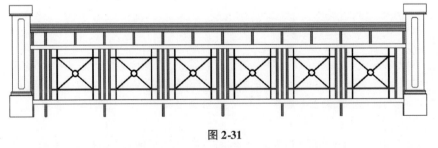

图 2-31

3. 内建族

在项目中，由用户在项目中直接创建的族称为内建族。内建族仅能在本项目中使用，即不能保存为单独的.rfa格式的族文件，也不能通过"项目传递"功能将其传递给其他项目。

与其他族不同，内建族仅能包含一种类型。Revit 不允许用户通过复制内建族类型来创建新的族类型。

2.2.6 类型与实例

除内建族外，每一个族包含一个或多个不同的类型，用于定义不同的对象特性。例如，对于机械设备来说，可以通过创建不同的族类型，定义不同的设备尺寸和管道接口尺寸。而每个放置在项目中的实际机械设备图元，则称为该类型的一个实例。Revit 通过类型属性参数和实例属性参数控制图元的类型或实例参数特征。同一类型的所有实例均具备相同的类型属性参数设置，而同一类型的不同实例，可以具备完全不同的实例参数设置。

如图 2-32 所示，列举了 Revit 中族类别、族、类型和实例之间的相互关系。

例如，对于同一类型的不同机械设备实例，它们均具备相同的尺寸和管道接口定义，但可以具备不同的位置编号、标高等信息。修改类型属性的值会影响该族类型的所有实例，而修改实例属性时，仅影响所有被选择的实例。要修改某个族实例使其具有不同的类型定义，必须为族创建新的族类型。

2.2.7 管道系统

管道系统是 Revit 中对机电系统中各类管道进行管理的基础。Revit 中的管道系统由系统分类、系统类型、系统名称及系统缩写参数确定。其中系统分类由设备族中接口形式定义，系统分类参数值为 Revit 内置参数，

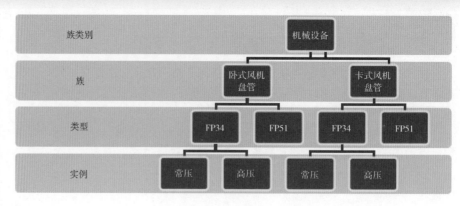

图 2-32

不可修改。如图 2-33 所示的马桶族中，分别定义了 $\phi 15$ 的家用冷水接口类型以及 $\phi 100$ 的卫生设备共计两种不同的系统分类连接件。

当在项目中放置该设备并使用管道工具创建与该接口相连接的管道时，管道会自动继承该设备接口的系统分类属性。如图 2-34 所示，选择管道后切换至"管道系统"上下文选项卡，可对该管道的管道系统进行设置，指定管道的系统类型，修改系统名称等，如图 2-35 所示。

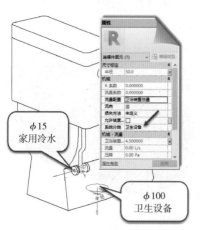

图 2-33

图 2-34

图 2-35

🔊 提示

Revit 将以管道系统中设置的系统名称的缩写按顺序自动编号。

在 Revit 中，管道系统属于系统族，可以根据机电深化设计的需要自定义任意的管道系统的类型，并对其编写等参数进行设置。Revit 中的"管道系统"由管道所连接的设备的连接件中所设置的系统类别决定，"管道系统"仅能由该类别派生出的"管道系统"中选择。在本章 2.1.4 中说明了如何通过项目浏览器对当前项目中的机电管线系统名称进行管理。

管道系统中各参数的定义是对机电深化项目中管道图元进行管理的基础，也是机电深化出图、三维展示的基础，读者务必在绘制管道时需要及时管理好管道系统。在本书后续章节中将会在创建各类管线时更详细地介绍管道系统的设置与使用。

2.3 Revit 视图控制

2.3.1 视图类型

Revit 提供了多种视图形式用于全面查看 BIM 模型。常用的视图有平面视图、立面视图、剖面视图、详图索引视图、三维视图、图例视图、明细表视图等。同一项目可以有任意多个视图，例如对于 F1 标高，可以根据需要创建任意数量的楼层平面视图，用于表现不同的功能要求，如 F1 梁布置视图、F1 柱布置视图、F1 房间功能视图、F1 暖通平面视图、F1 给水排水平面视图等。所有视图均根据模型剖切投影生成。

如图 2-36 所示，Revit 在"视图"选项卡"创建"面板中提供了创建各类视图的工具。也可以在项目浏览器中根据需要创建不同视图类型。

1. 平面视图

楼层/结构平面视图及天花板视图是沿项目水平方向，按指定的标高偏移位置剖切项目生成的视图。大多数项目至少包含一个楼层/结构平面。楼层/结构平面视图在创建项目标高时默认可以自动创建对应的楼层平面视图；在立面中，已创建的楼层平面视图的标高标头显示为蓝色，无平面关联的标高标头是黑色。除使用项目浏览器外，在立面中可以通过双击蓝色标高标头进入对应的楼层平面视图；使用"视图"选项卡"创建"面板中的"平面视图"工具可以手动创建楼层平面视图。

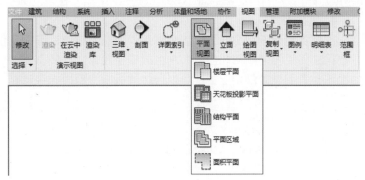

图 2-36

在楼层平面视图中，当不选择任何图元时，"属性"面板将显示当前视图的属性。在"属性"面板中单击"视图范围"后的编辑按钮，将打开"视图范围"对话框，如图 2-37 所示。在该对话框中，可以定义视图的剖切位置以及视图深度范围。

该对话框中，各主要功能介绍如下。

（1）主要范围　每个平面视图都具有"视图范围"视图属性，该属性也称为可见范围。视图范围是用于控制楼层平面视图中几何模型对象的可见性和外观的一组水平平面，如图 2-38 所示，分别称为"顶部平面"①、"剖切面"②和底部平面③。顶部平面和底部平面用于制订视图范围最顶部和底部位置，剖切面是确定剖切高度的平面，这三个平面用于定义视图范围的"主要范围"。

图 2-37

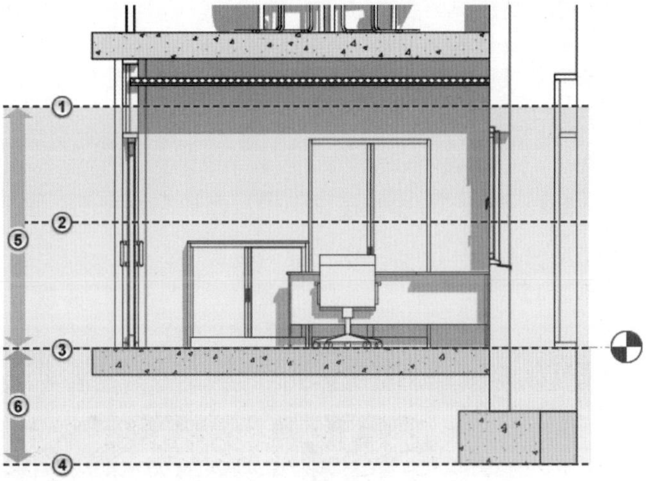

图 2-38

在楼层平面视图中与"剖切面"②相交的图元将以剖面线的方式显示（如常见的墙体）；在"剖切面"②与底部平面③之间的图元和位于顶部平面①与"剖切面"②的图元将以投影的方式在视图中显示。

（2）视图深度　"视图深度"是视图范围外的附加平面，可以设置视图深度的标高，以显示位于底裁剪平面之下的图元，默认情况下该标高与底部重合。"主要范围"的底部不能超过"视图深度"设置的范围。在 Revit 中位于视图深度范围内的图元将以"超出"线型方式显示在楼层平面视图中。

2. 天花板视图

天花板视图与楼层平面视图类似，同样沿水平方向沿指定标高位置对模型进行剖切生成投影。但天花板视图与楼层平面视图观察的方向相反：天花板视图为从剖切面的位置向上进行投影显示，而楼层平面视图为从剖切面位置向下查看模型进行投影显示。如图 2-39 所示为天花板平面的视图范围定义。

3. 立面视图

立面视图是 Revit 几何模型在立面方向上的投影视图。在 Revit 中，默认每个项目将包含东、西、南、北四

个立面视图，并在楼层平面视图中显示立面视图符号 ◄◦。双击立面标记中黑色小三角，会直接进入立面视图。Revit 允许用户在楼层平面视图或天花板视图中创建任意立面视图。

4. 剖面视图

剖面视图允许用户在平面、立面或详图视图中通过在指定位置绘制剖面符号线，在该位置对模型进行剖切，并根据剖面视图的剖切和投影方向生成模型投影。如图 2-40 所示为在 Revit 中生成机电管线深化剖面视图。剖面视图具有明确的剖切范围，可以通过鼠标拖拽剖面标头调整剖切深度及范围。

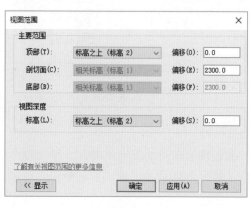

图 2-39

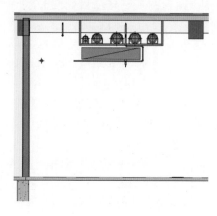

图 2-40

5. 详图索引视图

当需要对模型的局部细节进行放大显示时，可以使用详图索引视图。可向平面视图、剖面视图、详图视图或立面视图中添加详图索引。这个创建详图索引的视图，被称之为"父视图"。在详图索引范围内的模型部分，将以详图索引视图中设置的比例显示在独立的视图中。详图索引视图显示父视图中某一部分的放大版本，且所显示的内容与原模型关联。

绘制详图索引的视图是该详图索引视图的父视图。如果删除父视图，则也将删除该详图索引视图。

6. 三维视图

Revit 中三维视图分为两种：正交三维视图和透视图。在正交三维视图中，构件的显示不产生远近透视关系，如图 2-41 所示。单击快速访问栏"默认三维视图"图标 🏠 直接进入默认三维视图，在默认三维视图中可以配合使用 Shift 键和鼠标中键根据需要灵活调整视图角度。

如图 2-42 所示，使用"视图"选项卡"创建"面板"默认三维视图"下拉列表中"相机"工具可在楼层平面视图中通过添加相机生成相机透视三维视图。在透视三维视图中，距离相机位置越远的构件显示越小，这种视图更符合人眼的透视观察视角。

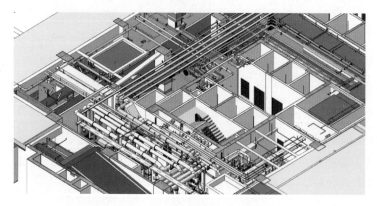

图 2-41

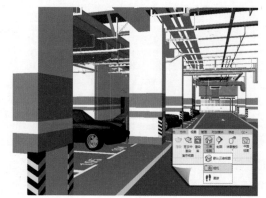

图 2-42

2.3.2 视图基本操作

可以通过鼠标、ViewCube 和视图导航来实现对 Revit 视图进行平移、缩放等操作。在平面、立面或三维视图中，通过滚动鼠标可以对视图进行缩放。按住鼠标中键并拖动，可以实现视图的平移。在默认三维视图中，按住键盘 Shift 键并按住鼠标中键拖动鼠标，可以实现对三维视图的旋转。

在三维视图中，Revit 还提供了 ViewCube，用于实现对三维视图的控制。ViewCube 默认位于屏幕右上方。如图 2-43 所示，通过单击 ViewCube 的面、顶点或边，可以改变三维视图中的视角。

Revit 还提供了"导航栏"工具条，用于对视图进行更灵活的控制。默认情况下，导航栏位于视图右侧 ViewCube 下方。在任意视图中，都可通过导航栏对视图进行控制。

如图 2-44 所示，导航栏主要提供两类工具：视图平移查看工具和视图缩放工具。单击导航栏中上方第一个圆盘图标，将进入全导航控制盘控制模式，如图 2-45 所示，全导航盘中提供缩放、平移、动态观察（视图旋转）等命令，移动鼠标指针至导航盘中命令位置，按住左键不动即可执行相应的操作，导航控制盘会跟随鼠标指针的位置一起移动。显示或隐藏导航盘的快捷键为 Shift + W 键。

导航栏中提供的另外一个工具为"缩放"工具，如图 2-46 所示，单击缩放工具下拉列表，可以查看 Revit 提供的视图缩放工具。视图缩放工具用于修改窗口中的可视区域。

在实际操作中，最常使用的缩放工具为"区域放大"，使用该命令时 Revit 允许用户绘制任意的范围窗口区域，将该区域范围内的图元放大至充满视口显示。

图 2-43　　　　图 2-44　　　　图 2-45

任何时候使用视图控制栏缩放列表中"缩放全部以匹配"选项，都可以缩放显示当前视图中全部图元。在视图中任意位置双击鼠标中键，也会执行该操作。

除对视图进行缩放、平移、旋转外，还可以对视图窗口进行控制。前面已经介绍过，在项目浏览器中切换视图时，Revit 将创建新的视图窗口。可以对这些已打开的视图窗口进行控制。如图 2-47 所示，在"视图"选项卡"窗口"面板中提供了"平铺""切换窗口""关闭隐藏对象"等窗口操作命令。

使用"平铺"工具，可以同时查看所有已打开的视图窗口，各窗口将以合适的大小并列显示。当打开较多的视图时，这些视图将占用大量的计算机内存资源，可以使用"关闭隐藏对象"

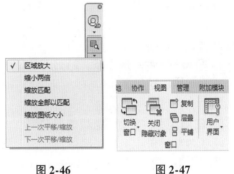

图 2-46　　　　　图 2-47

命令一次性关闭所有隐藏的视图以节省系统资源。注意"关闭隐藏对象"工具不能在平铺、层叠视图模式下使用，且会为每个已打开的项目保留一个最近打开的视图。切换窗口工具用于在多个已打开的视图窗口间进行切换。

2.3.3　视图显示及样式

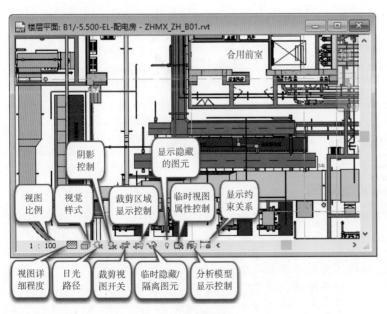

图 2-48

Revit 为每个视图提供了视图控制栏，通过视图控制栏，可以对视图中的图元进行显示控制，视图控制栏中各功能如图 2-48 所示。在三维视图中，Revit 还会在视图控制栏中提供渲染选项，用于启动渲染器对视图进行渲染。在 Revit 中由于各视图均采用独立的窗口显示，因此在任何视图中进行视图控制栏的设置，均不会影响其他视图的设置。

1.　视图比例

视图比例用于控制几何模型与当前视图中尺寸标注等注释图元显示之间的关系。如图 2-49 所示，单击视图控制栏"视图比例"按钮，通过在比例列表中选择合适的比例值即可修改当前视图的比例。注意无论视图比例如何调整，均不会修改模型的实际尺寸，仅会影响当前视图中添加的文字、尺寸标注等注释信息的相对大小。Revit 允许为项目中的每个视图指定不同比例，也可以创建自定义视图比例。

2. 视图详细程度

Revit 提供了三种视图详细程度：粗略、中等、精细。Revit 中的图元可以在族中定义在不同视图详细程度模式下要显示的模型。Revit 通过视图详细程度控制同一图元在不同状态下的显示，以满足出图的要求。如图 2-50 所示，分别为管道、风管和桥架在不同视图详细程度下的显示方式。

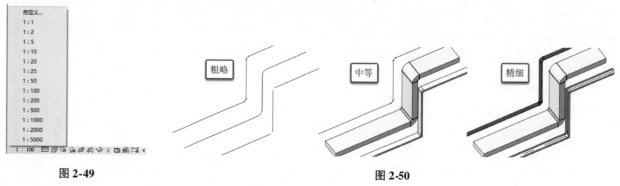

图 2-49   图 2-50

3. 视觉样式

视觉样式用于控制模型在视图中的显示方式。如图 2-51 所示，Revit 提供了六种显示视觉样式："线框""隐藏线""着色""一致的颜色""真实""光线追踪"。显示效果逐渐增强，但所需要系统资源也越来越多。一般平面或剖面施工图可设置为隐藏线模式，这样系统消耗资源较少，项目运行较快。

4. 打开/关闭日光路径、打开/关闭阴影

在视图中，可以通过打开/关闭阴影开关在视图中显示模型的光照阴影，增强模型的表现力。在日光路径里面按钮中，还可以对日光进行详细设置。

5. 裁剪视图、显示/隐藏裁剪区域

视图裁剪区域定义了视图中用于显示项目的范围，由两个工具组成：是否启用裁剪及是否显示剪裁区域。可以单击"显示裁剪区域"按钮在视图中显示裁剪区域，再通过启用裁剪按钮将视图剪裁功能启用，通过拖拽裁剪边界对视图进行裁剪。裁剪后裁剪框外的图元不显示。

6. 临时隐藏/隔离图元选项和显示隐藏的图元选项

在视图中可以根据需要临时隐藏任意图元。如图 2-52 所示，选择图元后单击临时隐藏或隔离图元（或图元类别）命令，将弹出隐藏或隔离图元选项。可以分别对所选择图元进行隐藏和隔离。其中隐藏图元选项将隐藏所选图元；隔离图元选项将在视图隐藏所有未被选定的图元。可以根据图元（所有选择的图元对象）或类别（所有与被选择的图元对象属于同一类别的图元）的方式对图元的隐藏或隔离进行控制。

所谓临时隐藏图元是指当关闭项目后，重新打开项目时被隐藏的图元将恢复显示。视图中临时隐藏或隔离图元后，视图周边将显示蓝色边框。此时再次单击隐藏或隔离图元命令，可以选择"重设临时隐藏/隔离"选项恢复被隐藏的图元。或选择"将隐藏/隔离应用到视图"选项，此时视图周边蓝色边框消失，将永久隐藏不可见图元，即无论任何时候图元都将不再显示。

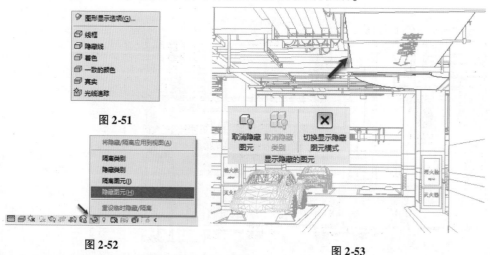

图 2-51

图 2-52   图 2-53

要查看项目中隐藏的图元可以单击视图控制栏中显示隐藏的图元命令。如图 2-53 所示所有被隐藏的图元均会显示为亮红色。选择被隐藏的图元单击"显示隐藏的图元"面板中"取消隐藏图元"选项可以恢复图元在视图中的显示。注意恢复图元显示后，务必单击"切换显示隐藏图元模式"按钮或再次单击视图控制栏"显示

隐藏图元"按钮返回正常显示模式。

◀») 提示

> 也可以在选择隐藏的图元后单击鼠标右键,在右键菜单中选择"取消在视图中隐藏"子菜单中"按图元",取消图元的隐藏。

7. 分析模型的可见性

临时仅显示分析模型类别,结构图元的分析线会显示一个临时视图模式,隐藏项目视图中的物理模型并仅显示分析模型类别,这是一种临时状态,并不会随项目一起保存,清除此选项则退出临时分析模型视图。

8. 临时视图属性

允许用户通过指定临时视图样板来预览显示应用视图样板后的视图显示状态。通常用来对视图进行临时显示的快速处理,例如在暖通管道平面视图中临时加载管道平面视图样板,以显示管道系统中的图元,以方便对其进行临时处理。

图 2-54

9. 显示约束

如果在项目中添加了全局参数,可以通过该开关来显示当前项目中的全局参数的位置。

在三维视图中,Revit 还提供了几个方便三维视图控制的工具,如图 2-54 所示。

10. 显示/隐藏渲染对话框(仅三维视图才可使用)

单击该按钮,将打开渲染对话框,以便对渲染质量、光照等进行详细的设置。Revit 采用 Mental Ray 渲染器进行渲染。

11. 解锁/锁定三维视图(仅三维视图才可使用)

如果需要在三维视图中进行三维尺寸标注及添加文字注释信息,需要先锁定三维视图。单击该工具将创建新的锁定三维视图。锁定的三维视图不能旋转,但可以平移和缩放。在创建三维详图大样时,可激活该按钮将三维视图方向锁定,防止修改三维视角。

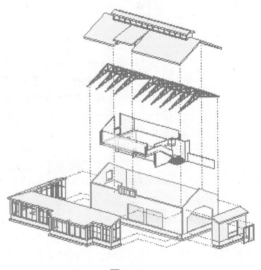

图 2-55

12. 显示位移集

用于控制是否以位移的方式显示各构件的关系。位移视图类似于"爆炸"视图,即通过在三维空间中对构件进行分解来表明构件间的关联关系,如图 2-55 所示。

2.4 基本操作

2.4.1 图元选择

要对图元进行修改和编辑,必须选择图元。在 Revit 中可以使用三种方式进行图元的选择,即单击选择、框选、特性选择。

1. 单击选择

移动鼠标至任意图元上,Revit 将高亮显示该图元并在状态栏中显示有关该图元的信息,单击鼠标左键将选择高亮显示的图元。在选择时如果多个图元彼此重叠,可以移动鼠标至图元位置,循环按键盘 Tab 键,Revit 将循环高亮预览显示各图元,当要选择的图元高亮显示后单击鼠标左键将选择该图元。

◀») 提示

> 按 Shift + Tab 键可以按相反的顺序循环切换图元。

要选择多个图元,可以配合使用键盘 Ctrl 键并鼠标左键单击要添加到选择集中的图元;要从选择集中删除图元,可按住键盘 Shift 键单击已选择的图元,将从选择集中取消该图元。

当选择多个图元时,单击"管理"选项卡或上下文关联选项卡中如图 2-56 所示的"选择"面板中"保存"按钮,弹出"保存选择"对话框,输入选择集的名称,即可保存该选择集。要调用已保存的选择集,单击"管理"选项卡"选择"面板中的"载入"按钮,将弹出"恢复过

图 2-56

滤器"对话框,在列表中选择已保存的选择集名称即可。

2. 框选

将光标放在要选择的图元一侧,并以对角线的方式拖拽鼠标形成矩形边界,可以绘制选择范围框。当从左至右拖曳光标绘制范围框时,将生成实线范围框。被实线范围框全部包围的图元将被选中;当从右至左拖拽光标绘制范围框时,将生成虚线范围框,所有虚线范围框完全包围或与范围框边界相交的图元均可被选中。

选择多个图元时,单击"选择"面板中"过滤器"按钮将打开"过滤器"对话框(图2-57)。在该对话框中可根据构件类别控制保留在选择集中的图元。

3. 特性选择

在 Revit 中单击鼠标左键选择图元后,在空白位置单击鼠标右键,在弹出右键快捷菜单中选择"选择全部实例"工具,可在整个项目或当前视图中选择与当前图元相同的所有族实例,如图2-58所示。

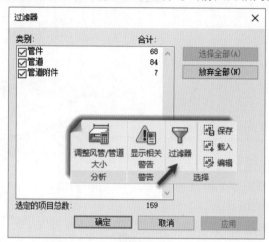

图 2-57

图 2-58

在 Revit 中主界面的右下方提供了选择控制工具,如图2-59所示,各开关分别定义可选择的对象类型,其中链接图元开关控制是否允许选择链接模型中的图元;基线图元开关控制是否允许选择视图中以基线显示的图元;锁定图元开关控制是否允许选择标记为锁定状态的图元;面图元开关控制是否能够以通过在"面"上单击选择面图元,例如对于楼板,如果允许选择面图元,则在楼板面中任意位置单击均可选择楼板图元,否则仅允许通过楼板边缘进行选择;选择时拖拽用于控制在选择图元时是否可以移动图元的位置。

2.4.2 图元编辑

如图2-60所示,Revit 在修改面板中提供了对齐、移动、复制、镜像、旋转等命令,利用这些命令可以对图元进行编辑和修改操作。

图 2-59

图 2-60

各工具的基本功能详见表2-1。

表 2-1

序号	图标	名称	功能
1		移动	将图元从一个位置移动到另一个位置
2		复制	可复制一个或多个选定图元,并生成副本

（续）

序号	图标	名称	功能
3		阵列	创建一个或多个相同图元的线性阵列或半径阵列
4		对齐	将一个或多个图元与选定位置对齐
5		旋转	使图元绕指定轴旋转指定角度
6		偏移	将管道等线性图元沿其垂直方向按指定距离进行复制或移动
7		镜像	通过选择或绘制镜像轴，对所选模型图元执行镜像复制或反转
8		缩放	放大或缩小图元
9		修剪	对图元进行修剪操作
10		拆分图元	将图元分割为两个单独的部分
11		锁定	将图元标记为锁定或解除锁定，锁定图元可防止误操作
12		删除	从项目中删除已选择的图元

在使用上述图元编辑工具时，应多注意选项栏中的相关工具选项，例如，在使用"复制"工具时可以通过勾选选项栏中的"多个"选项实现连续多个复制操作（图2-61）。各工具均对应有不同的选项栏中的选项，请读者自行尝试以熟练掌握各工具的使用。

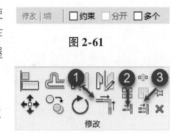

图 2-61

图 2-62

除单击修改面板中的工具外，还可以使用键盘快捷键来执行相应的编辑工具，例如，直接按键盘 MV，将执行修改工具。本书附录中详细介绍了各常用命令的默认键盘快捷键。

在机电深化过程中，经常需要对各管线进行连接操作。可以使用修剪工具来实现管道间的连接。如图2-62所示，Revit 一共提供了三个修剪和延伸工具，从左至右分别为修剪/延伸为角，单个图元修剪和多个图元修剪工具。

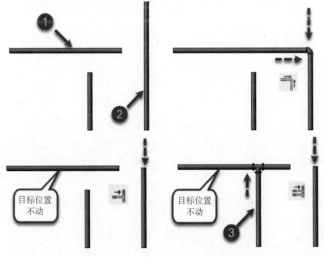

图 2-63

如图 2-63 所示，使用"修剪"和"延伸"工具时必须先选择修剪或延伸的目标位置，再选择要修剪或延伸的对象。对于多个图元的修剪工具，可以在选择目标后，多次选择要修改的图元，这些图元都将延伸至所选择的目标位置。可以将这些工具用于墙、线、风管、管道等线性图元的编辑。在修剪或延伸编辑时，鼠标单击拾取的图元位置将被保留。

2.4.3　临时尺寸

临时尺寸标注是相对最近的垂直构件进行创建的，并按照设置值进行递增。点选项目中的图元，图元周围就会出现蓝色的临时尺寸，修改尺寸上的数值就可以修改图元位置。可以通过移动尺寸界线

来修改临时尺寸标注所参照的构件位置，如图2-64所示。

2.4.4 使用快捷键

可以为 Revit 中几乎所有的命令指定键盘快捷键，通过键盘输入快捷键可直接访问 Revit 中的各工具，从而加快工具执行的速度。

例如，在机电深化过程中，需要经常绘制管道，可直接通过键盘输入"PI"，Revit 即可执行管道工具，进入管道绘制状态。

单击"视图"选项卡"窗口"面板"用户界面"下拉列表中"快捷键"将打开"快捷键"对话框

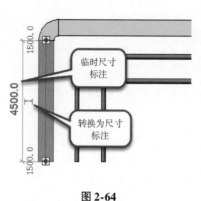

图 2-64

图 2-65

（图2-65）。在该对话框中，可以查询当前各命令已指定的快捷键，也可以选择需要修改快捷键的命令，在下方"按新键"中输入新的快捷键字母，并单击"指定"来指定新的快捷键。还可以将当前的快捷键导出为外部.xml格式的文件，并通过导入的方式来恢复已保存的快捷键。

2.5 机电深化流程

在机电深化设计过程中需要配合建筑、结构等相关专业的 BIM 模型成果作为机电深化的工作条件。在使用 Revit 进行机电深化设计时，首先会对项目进行规划与分解。通常会根据项目的楼层对项目进行一级拆分，再基于楼层根据专业分别创建各专业的模型并生成独立的单专业的模型文件，模型文件需要根据文件命名规则保存为不同的专业文件。在本书中约定以"项目名称_专业名称_楼层标高_标高值"的规则对各专业的文件进行命名，其中标高值为可选字段。

项目名称通常取其汉语拼音的首字母，例如可以用"XMMC"代表"项目名称"。专业名称通常用两个字母表示，例如使用"AR"代表建筑专业。在专业名称后再以当前所在的楼层标高的字母与楼层编号结尾，本书中楼层名称统一取两位数字，例如 B01 代表地下室一层，F01 代表地上一层等。标高值取该楼层的建筑标高值。各专业名称代码参见表2-2。

表 2-2

序号	专业名称	专业代码
1	建筑	AR
2	结构	ST
3	给水排水	PD
4	暖通	AC
5	电气	EL
6	场地	ZP
7	小市政	SZ
8	幕墙	MQ
9	综合	ZH

在完成各楼层的专业模型后，通过使用 Revit 的链接功能可以将各专业模型按楼层链接为完整的机电综合文件，在该文件中可以使用"绑定"功能将暖通、给水排水及电气专业链接模型绑定为当前文件，以方便机电管线的调整操作。在完成机电综合深化设计后，最终再将各楼层已完成的机电深化模型整合为完整的项目文件。各专业的名称及文件组织关系如图2-66所示。

在机电深化的过程中，必须保障各楼层、各专业的 BIM 模型采用相同的定位文件才能保障在链接时各专业模型间不会出现错位，因此必须在项目开始时规划好项目的标高与轴网文件，该标高与轴网文件将作为整个项目的定位文件的基础，其他专业必须以标高轴网文件作为定位标准。如图2-67所示，在 Revit 中可以通过链接、以原点到原点的方式链接至本专业的模型中，以保障各楼层、各专业的模型文件项目基点一致。

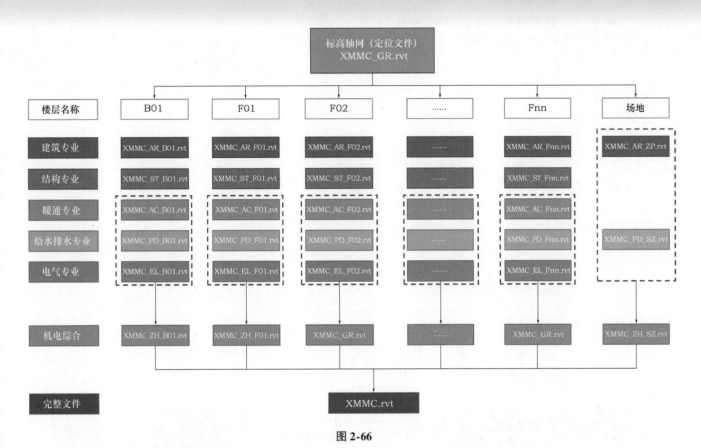

图 2-66

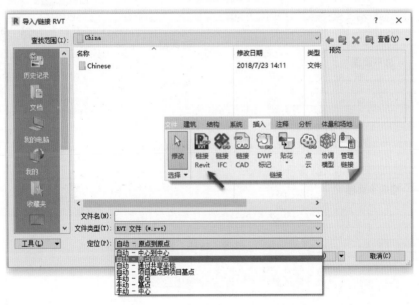

图 2-67

2.6 本章小结

　　本章主要介绍了 Revit 软件的界面，认识 Revit 软件中的属性面板、项目浏览器以及系统浏览器的功能及作用。对于 Revit 中的常见术语例如参数化、管道系统进行了解释，了解 Revit 中对于管道系统的管理的方式。本章还介绍了 Revit 中的视图平移、缩放的基本操作方法以及对于图元对象的基本编辑的功能进行了简要的说明。

　　本章还介绍了在 Revit 中完成机电深化的基本工作流程，并对如何通过链接与绑定的方式管理机电深化过程中各楼层各专业成果文件进行了说明。这些内容是 Revit 操作的基础，也是利用 Revit 完成机电深化设计的基础。在本书后面的章节中将深入介绍本章中提及的基本操作，完成机电深化的案例操作过程。

第3章 创建土建专业模型

在工程建设行业的各专业中并不存在"土建"这个专业，它是随 BIM 的发展为区别"机电"专业而产生的。BIM 模型创建的过程中，建筑、结构模型存在很多类似的地方，墙（建筑墙与结构墙）、柱（建筑柱与结构柱）、楼板（建筑楼板与结构楼板）等创建方式非常类似，只是材质不同。并且建筑、结构专业完全区别于给水排水、暖通及电气专业，建筑结构必须严格按图纸施工，不允许在施工过程中自行调整，但是给水排水、暖通及电气专业施工时是在施工图纸基础上根据施工规范及现场情况进行调整。因为建筑结构类似并明显区别于给水排水、暖通及电气专业，所以在 BIM 行业里面往往把建筑、结构合并为"土建"一个大专业。

3.1 土建专业基础

3.1.1 建筑专业图纸简介

如图 3-1 所示，建筑专业图纸大体分为图纸目录、总说明及做法表、总平面图、楼层平面图、立面图、剖面图、核心筒平面图、楼梯详图、扶梯详图、汽车坡道详图、大样图、门窗表，其中核心筒平面图只在项目有核心筒结构时存在。各类图纸的功能参见表 3-1。

图 3-1

表 3-1

序号	图纸类型	图纸主要内容
1	图纸目录	建筑全部图纸目录
2	总说明及做法表	项目概况、设计依据、主要技术经济指标等，地面、楼面、屋面、顶棚等构造做法
3	总平面图	场地总体平面布置图，包含塔楼位置标高、道路、绿化、消防等
4	楼层平面图	各楼层平面布置
5	立面图	后、前、右及左立面图
6	剖面图	主要剖面图

（续）

序号	图纸类型	图纸主要内容
7	核心筒平面图	核心筒各层平面详图
8	楼梯、扶梯、汽车坡道详图	楼梯、扶梯、汽车坡道等平面、剖面详图
9	大样图	风井大样及外立面墙身大样详图
10	门窗表	门窗标高、详细布置、尺寸等详图

对于创建建筑专业 BIM 模型来说，需要根据总图确定各单体的平面位置及竖向标高，根据各楼层平面图创建墙柱、门窗、楼板、房间及部分标注。其中墙柱、楼板的构造做法需根据设计总说明及做法表确定，门窗的样式及标高需参照门窗大样，外立面造型及外立面门窗需根据立面图创建，楼梯、扶梯及汽车坡道则需根据相应详图进行创建。

3.1.2 结构专业图纸简介

如图 3-2 所示，结构专业图纸包括图纸目录、总说明、基础平面布置图、基础详图、墙柱定位图、墙柱详图、结构平面图、板配筋图、梁配筋图、楼梯详图、大样图等。各图纸功能见表 3-2。在结构图纸中有时板配筋图会和结构平面图画在一起。

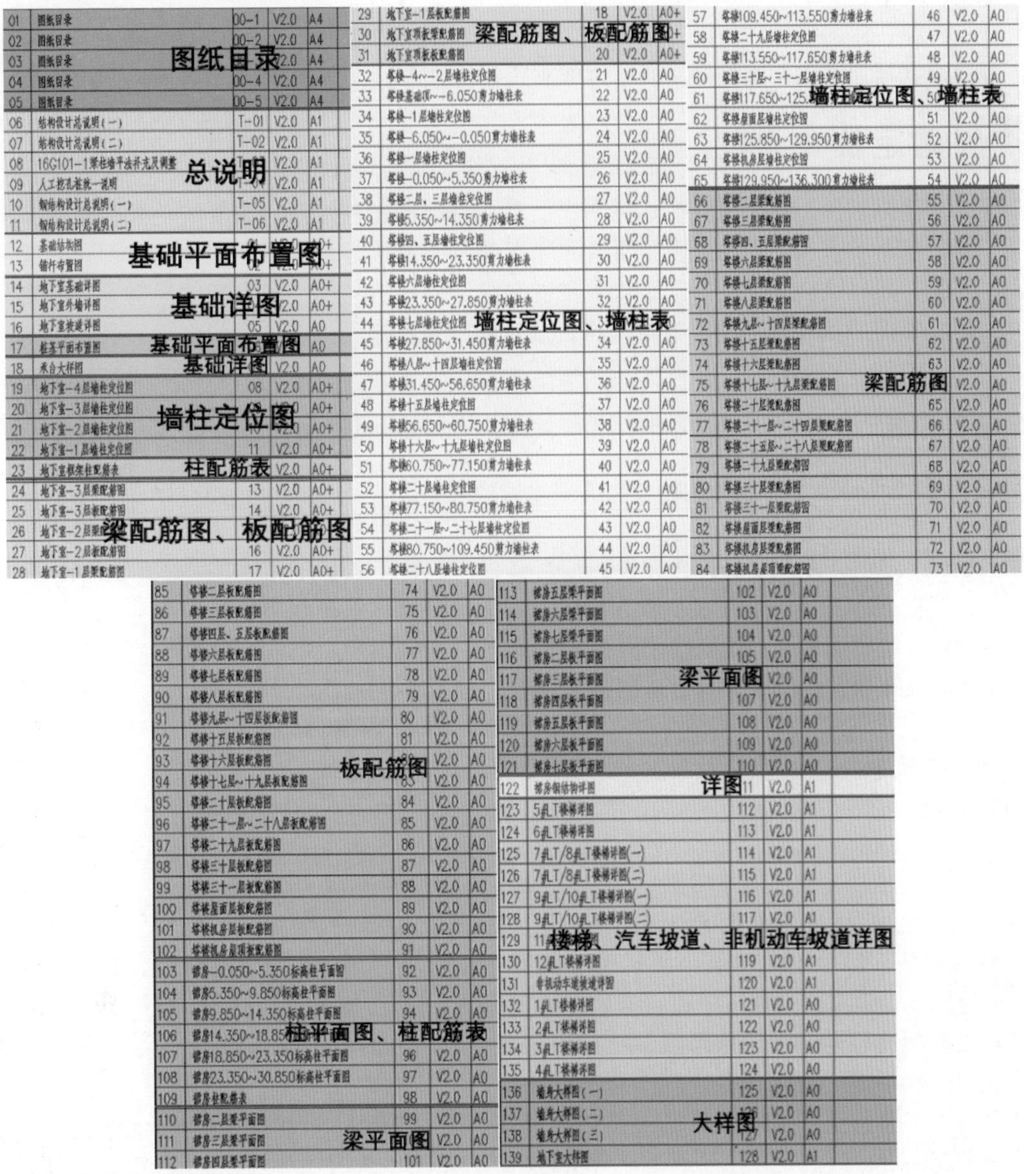

图 3-2

表 3-2

序号	图纸类型	图纸主要内容
1	图纸目录	结构全部图纸目录
2	总说明	项目概况,设计依据(包含业主提供资料、政策、标准等),通用做法大样等
3	基础平面布置图	基础的平面位置、尺寸及标高
4	基础详图	基础的详细做法、配筋
5	墙柱定位图(墙柱平面图或者平面布置图)	墙柱平面图定位及尺寸
6	墙柱详图(墙柱表)	墙柱配筋详图
7	结构平面图(模板图)	结构平面布置,梁定位,洞口定位,标高布置等
8	板配筋图	结构板配筋图
9	梁配筋图	结构梁尺寸及配筋图
10	楼梯详图(包含楼梯平面与剖面)	楼梯平面、剖面详图
11	大样图	外立面大样详图及配筋

对于创建结构 BIM 模型来说,根据基础平面布置图创建基础模型,根据墙柱平面图创建墙柱,根据梁配筋图中的截面尺寸创建梁,然后在墙柱与梁形成的平面分隔中创建结构楼板,根据结构平面图调整梁板标高、板厚、开洞等,最后根据楼梯详图创建楼梯、根据大样图完善外立面。

3.2 创建定位文件

BIM 模型创建过程中,各个专业模型是分开创建的,在模型创建开始前,需要统一各个专业模型创建的位置及相对标高,保证各个专业创建的模型通过原点到原点的方式链接起来是协调一致的,而不是需要二次调整链接模型位置。因此在开展机电深化设计工作前需要创建统一的定位文件,各个专业只需要使用链接功能以原点到原点的方式配合使用"复制 | 监视"的方式将定位轴网原位复制到当前项目中保障正负零标高与定位文件保持一致。

3.2.1 使用项目样板

Revit 软件自带的项目样板不能满足实际工程的要求,所带的族不完整且不一定能满足工程要求,视图样板设置也不符合操作习惯,视图生成未能关联合适视图样板,存在很多问题。在大量工程实践中形成了建筑、结构、给水排水、暖通、电气各专业项目样板文件,项目样板中包含了项目中常用的绝大部分族,并且各种族经过不断迭代优化,能很好地满足机电深化设计各专业 BIM 建模要求;在样板中根据各专业的表达需要优化了视图样板设置,例如在梁的楼层平面视图会自动隐藏其他构件,在楼板平面视图会体现标高,在墙柱绘制楼层平面视图只显示墙柱等。在模型创建前选择合适的项目样板,对工作开展十分有利,会大大提高团队效率。

在本书随书文件 \ 第 3 章 \ 中,提供了 BGL_AR_楼层_标高.rte 和 BGL_ST_楼层_标高.rte 样板文件,分别用于创建建筑和结构专业 BIM 模型。

3.2.2 创建标高

在 Revit 中创建定位文件应首先创建标高。Revit 可以基于标高生成楼层平面视图,然后再在楼层平面视图上绘制轴网、创建模型。要创建标高,应在立面视图中进行操作。通常来说,由于结构标高与建筑标高相差建筑面层厚度,结构专业应结合结构设计单独绘制结构标高。其他各专业均以建筑标高作为高度定位基础。本书中"案例项目"是创建第三层 BIM 模型,以第三层建筑标高创建为例,其他专业标高创建方法相同。

如图 3-3 所示,通过项目浏览器切换至南立面视图,依次

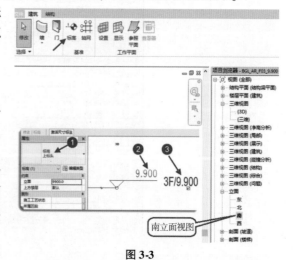

图 3-3

单击建筑选项卡基准面板中标高工具，移动鼠标至立面视图中，捕捉至已有标高左侧端点单击鼠标左键作为标高的起始一个端点，沿水平方向移动光标直到捕捉到已有标高的另外端点再次单击鼠标左键作为标高的终点，Revit 将自动生成标高。

选择已绘制完成的标高，在属性面板中选择标高的族类型为上标头，修改标高值为 9.900，由于 Revit 具备参数化设计的特征，因此在修改标高值时标高在立面上的位置会随着标高值自动调整，最后再修改标高名称为 3F/9.900。

采用相同的方法或采用复制的方式创建生成其他标高，主要楼层标高如图 3-4 所示。模型创建过程中，局部夹层、机房层、机房屋面层可根据实际需要创建标高，生成相应平面视图。

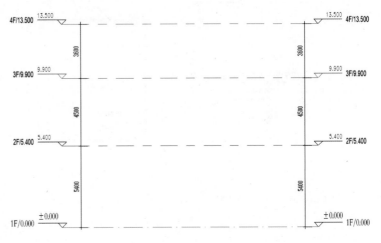

图 3-4

在机电深化设计其他各专业中，只有结构采用的标高与建筑不一致，因为建筑标高代表建筑完成面标高，结构标高代表结构完成面标高。因此建筑结构标高不同，建筑标高高于结构标高，它们之间的差值为建筑楼地面、屋面等构造做法总厚度。结构标高创建方法同建筑标高，结合本项目设计，结构标高较建筑标高低 50mm，结构标高如图 3-5 所示。

创建完成后，应分别保存创建建筑标高和结构标高的项目文件，以便于在后面的操作中继续使用。在本书中，建筑专业将保存为 BGL_AR_F03_9.900.rvt，结构专业将保存为 BGL_ST_F03_9.900.rvt，在机电深化设计中，由于涉及不同的专业，各项目文件名称应按规范进行命名。关于模型的命名规则，详见本章 3.5 节。

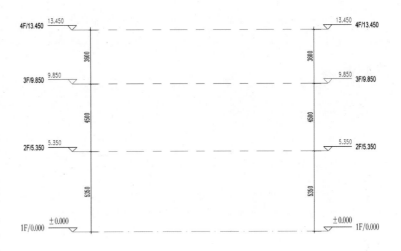

图 3-5

建筑文件和结构文件中均应创建正负零标高，其他结构标高比建筑标高低建筑面层厚度，本项目设计结构标高普遍比建筑标高低 50mm。

Revit 中采用"复制"的方式生成的标高，不会生成对应的视图。可以通过"视图"选项卡"创建"面板中"平面视图"下拉列表中的"楼层平面"生成指定标高的楼层平面视图。具体操作详见下一节。

3.2.3 创建轴网

创建好标高后，可以在基于标高生成的平面视图中创建轴网。一般来说，可以先在建筑专业模型中创建统一的轴网文件，其他专业再来引用建筑专业的轴网文件。打开 BGL_AR_F03_9.900.rvt 文件，如图 3-6 所示，依次单击"视图"选项卡"创建"面板中"平面视图"下拉列表中"楼层平面"工具，打开"新建楼层平面"对话框，在对话框中选择平面视图类型"建筑"、选择标高"3F/9.900"，单击确定，Revit 将生成建筑三层平面视图。注意项目浏览器中以楼层平面类型重新组织了视图的显示，关于项目浏览器的显示控制详见本书第 2 章中相关内容。

生成平面视图后，即可在平面视图上进行轴网绘制。在本书操作中，将基于已有 CAD 图纸文件进行轴网绘制。在绘制轴线之前应先处理好 3F 建筑平面图 CAD 图纸，清理与本层标高无关的图元，为方便在 Revit 中定位，可以配合使用移动工具将该 CAD 文件中 1 轴与 A 轴的交点移动至与 CAD 的原点重合，如图 3-7 所示。

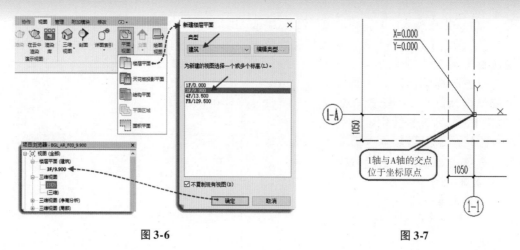

图 3-6   图 3-7

要在 Revit 中显示 CAD 图纸文件，需要先将 CAD 文件链接或导入 Revit 中。本书中将采用链接的方式显示 DWG 文件。

1）如图 3-8 所示，单击"插入"选项卡"链接"面板中"链接 CAD"工具，打开"链接 CAD 格式"对话框。

2）在"链接 CAD 格式"对话框中：勾选仅当前视图；颜色选择保留；图层/标高选择可见；设置建筑图纸的"导入单位"为毫米；不勾选"纠正稍微偏离轴的线"，不让软件自动调整图纸；定位选择"自动—原点到原点"，可以实现图纸上 1 轴与 A 轴的交点与 Revit 的项目原点重合。

🔊 提 示

如果不勾选"仅当前视图"，则图纸会链接到所有视图中，包含其他平面视图、三维视图、立面图等，不是所有的视图都需要该图纸；本书案例的图纸单位也是毫米，因此导入单位选择毫米。

3）设置完成后单击打开，Revit 将"三层建筑平面图"就链接进"3F/9.900"平面视图中。

选中链接的图纸，如果图纸未锁定，则单击"修改"选项卡"修改"面板中"锁定"工具锁定图纸，防止误操作。图纸链接好以后，就可以进行轴网创建。

4）单击"建筑"选项卡"基准"面板中"轴网"，则打开"修改 | 放置轴网"选项卡，如图 3-9 所示，Revit 提供了五种方式创建轴线：手工方式画直线轴线；三点方式画弧线轴线；圆形加圆弧上两点方法创建弧线轴线；拾取图纸上线的方式创建轴线；画多段线创建多段线轴线。

🔊 提 示

对于具有 CAD 图纸作为参考的情况，一般通过拾取链接图纸的轴线进行轴线创建。

5）单击拾取线，然后如图 3-9 所示，拾取图纸上的 1—1 轴线，生成轴线，再单击轴线名称进行修改，修改完成后回车确定，采用同样的方式创建其他轴线。

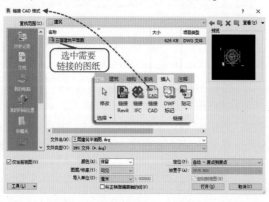

图 3-8

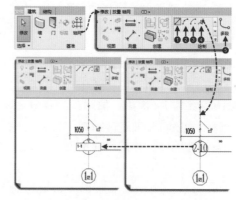

图 3-9

所有轴线创建好以后，如图 3-9 所示，可以单击轴线的端点然后拖拉编号的位置。为了轴线统一管理、方便统一操作，所有轴线应成为一个组。选中成组轴线，然后将其锁定，锁定后的轴网位置是固定的，无法移动，这样就避免在操作过程中失误移动了轴网的位置,导致建模错误。

6)轴线成组如图3-10所示,选中一根轴线,然后单击下侧"视图控制栏"的图标"临时隐藏/隔离",再单击其上拉对话框中的"隔离类别",则平面视图中只显示所有的轴线。

7)选中所有的轴线,如图3-10所示,单击创建组,弹出"创建模型组"对话框,输入组名称后单击确定,则所有轴线成为一个组。

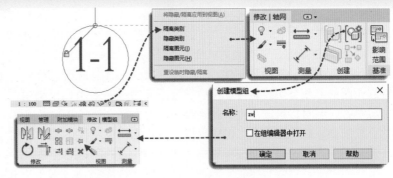

图 3-10

轴网创建完成后,保存 BGL_AR_F03_9.900.rvt 文件,此时文件具有了完整的标高和轴网。其他专业的轴网与建筑专业的轴网是一致的,只需复制建筑专业的轴网即可。Revit 的轴线在空间上是一个垂直于标高的平面,在平面视图上投影显示为轴线。当对任意视图中的轴线图元进行位置、名称、3D 长度的修改时,会影响到所有楼层平面视图中的轴线投影。具有完整标高轴网的建筑、结构模型参见本书随书文件 3-2-1.rvt、3-2-2.rvt 项目文件。

3.3 创建结构专业模型

在机电深化设计中,土建专业模型创建有先后顺序,对其他影响较大的专业需要先创建,以便于其他专业工作开展,对其他专业影响较小的专业可以后创建。机电管线在空间中的排布受结构影响很大,在梁下、板下考虑一定的安装空间排布,部分为了提升净高,需要穿结构梁或者墙。因此为了机电深化设计工作的尽快展开,需要优先创建结构专业模型。

3.3.1 创建必要的结构平面视图

根据 3.2 节中的方法,在立面视图中创建结构标高后,生成三层墙柱平面视图、四层结构板平面视图、四层结构梁平面视图,如图 3-11 所示。三层墙柱平面视图水平剖切面基于三层标高向上偏移一定高度,平面视图上只显示墙柱;四层结构板平面

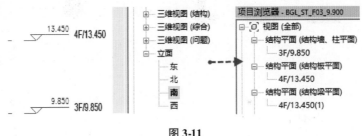

图 3-11

视图水平剖切面基于四层标高向上偏移一定高度,深度包含四层标高,平面视图上显示四层标高上的竖向构件、梁、板;四层结构梁平面视图剖切面同板平面视图,但是在平面视图上只显示竖向构件和梁。在生成平面视图时,可以通过指定对应的视图样板,达到快速控制视图中构件显示的目的。

结构的轴网与建筑轴网是一致的,因此结构不需要单独再创建轴网,只需要把建筑的轴网拷贝过来。具体步骤如下。

1)接上节练习,打开"随书文件 \ 第 3 章 \ BGL_AR_F03_9.900.rvt"项目文件,同时打开"BGL_ST_F03_9.900.rvt",在建筑模型中,切换至 F3 楼层平面视图。

2)在建筑模板的平面视图上选中轴网组图元,单击"修改 | 模型组"选项卡"剪贴板"面板中"复制"。

3)如图 3-12 所示,回到结构模型"3F/9.850"结构墙、柱平面视图上,单击"修改"选项卡"剪贴板"面板中"粘贴"下拉列表中"与当前视图对齐"工具,则建筑的轴网就拷贝进结构模型中并且平面位置一致。

4)检查结构轴网确保其锁定。

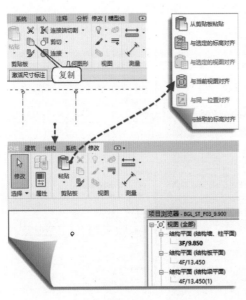

图 3-12

3.3.2 创建竖向构件

如图 3-13 所示，结构竖向构件包含墙、柱、墙上预留预埋，结构柱上通常无预留预埋。结构柱通常是矩形柱，也有圆形柱及其他异形柱。图纸中的墙分普通墙身及边缘构件（构造边缘构件、约束边缘构件），它们的区别在于配筋不同，边缘构件配筋要求高于普通墙身，BIM 模型中，通常不反映钢筋，结构墙不区分普通墙身与边缘构件，墙直接拉通。连梁是连接相邻剪力墙，让其共同发挥受力作用的构件，其混凝土强度等级同剪力墙，并且配筋要求高于普通梁，BIM 模型创建，通常反映梁的截面，对于连梁与普通梁不做区分；连梁通常在梁平法施工图中表达，也少有在墙柱图中表达，连梁的创建同普通梁，在结构梁平面视图中创建。

双击打开三层墙柱结构平面视图，在平面视图中通过如下方式链接图纸进入平面视图中，如图 3-14 所示，使用"链接 CAD"工具，链接"三层墙柱平面布置图.dwg"文件。图纸链接进去后，如果图纸上的轴网与模型轴网不对应，则通过"对齐"或者"移动"方式让图纸数字轴和字母轴分别与模型轴网对齐。图纸轴网与模型轴网对齐后，锁定图纸，避免操作过程中图纸移位出现构件位置错误。

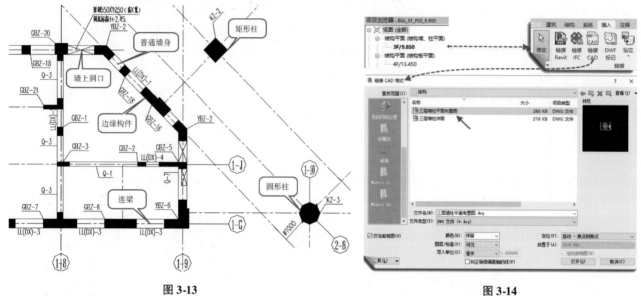

图 3-13　　　　　　　　　　　　　　　　图 3-14

接下来将根据结构图纸创建其中的一颗 $900mm \times 900mm$ 的矩形柱子，步骤如下。

1）切换至"3F/9.850"墙柱平面视图，单击"结构"选项卡"结构"面板中"柱"工具，如图 3-15 所示，其"选项栏"中分别选择高度、4F 标高，确保在三层墙柱平面视图中创建的竖向构件标高为 3F 到 4F 标高。

| 修改 \| 放置 结构柱 | ☐ 放置后旋转 | 高度： ∨ | 4F/13.4 ∨ | 2500.000 | ☑ 房间边界 |

图 3-15

2）单击"属性"面板类型选择器中族列表，在列表中选择矩形柱族里面 900×900 的类型。如果没有所需要的类型，则如图 3-16 所示的操作步骤添加新的柱类型。在属性面板中单击编辑类型，在弹出"类型属性"对话框中单击复制，在再次弹出的对话框中输入增加类型的名称，再单击确定，然后调整对应的 b、h 参数值为 900mm，最后单击确定完成添加新类型。

3）如图 3-17 所示，在三层墙柱平面视图中需要创建的柱子附近单击鼠标左键生成柱子，最后通过对齐方式让所建柱子与图纸重合，完成该柱子创建。其他矩形柱子可通过相同方式创建，也可通过复制或复制后修改其类型。圆形柱子创建方法相同，只是其中需要选择圆形柱族里面相应直径类型。

接下来，将创建结构墙体。以创建 400mm 厚的墙体

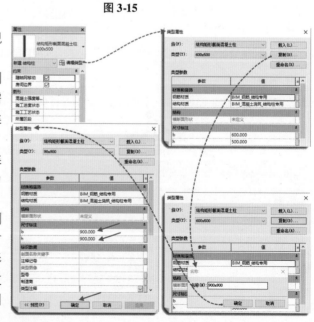

图 3-16

为例，创建步骤如下。

1）如图 3-18 所示，单击"结构"选项卡"结构"面板中"墙"下拉列表中"墙：结构"工具，在弹出的"修改 | 放置结构墙"选项卡下的"选项栏"，依次选择高度、四层标高、定位线为"面层面：外部"。

2）属性面板中选择墙类型 400mm（同图纸宽度），如果没有相应宽度墙类型，按柱操作相同的方式添加新类型，属性面板中墙底标高为三层、墙顶部标高为四层。

3）在平面视图中，单击墙一侧线端点至另一端点完成墙创建，绘制期间可通过空格键调整墙体位于所画控制线的哪一侧，实现所画墙体与图纸墙线重合。

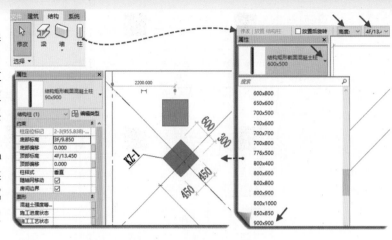

图 3-17

使用相同的方式，完成其他墙体绘制，结果如图 3-19 所示。保存该项目文件，可打开"随书文件 \ 第 3 章 \ 3-3-2. rvt"项目文件查看最终完成结果。

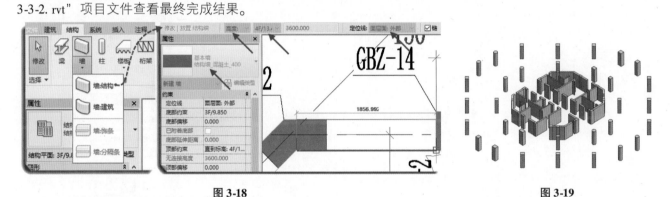

图 3-18

图 3-19

3.3.3 创建结构梁

结构梁分框架梁与次梁，框架梁连接竖向构件、承受来自次梁和板传递来的荷载并且传递给竖向构件，次梁承受来自板的荷载并且传递给框架梁。梁配筋图中，每一根单跨或者多跨梁均在某一跨梁引出标注，该标注为集中标注。如图 3-20 所示，标注中 KL 代表框架梁、L 代表次梁；KL2 中数字代表梁的编号，梁的编号一般是从上至下、从左至右依次连续编号，不能重复；（3A）代表梁的跨数为 3 跨 + 一侧悬挑，如果是（3B）代表梁的跨数为 3 跨 + 两侧悬挑，如果是（3）代表梁的跨数为 3 跨；300 ×700 代表无原位标注截面的梁的截面为 300mm ×700mm，如果梁截面有原位标注，以原位标注为准；集中标注中其他信息为配筋信息。

梁模型创建过程中，一跨梁一个模型构件。框架梁相邻两个竖向构件之间为一跨，KL1 为三跨 + 两侧悬挑，模型中需要创建 5 个梁构件；次梁为两个框架梁之间为一跨，如图 3-21 所示，L1 为两跨，模型中需要创建两个梁构件。

掌握了上面梁的基本知识，就可以进行梁模型创建。以创建截面为 500mm ×600mm 的 KL3 中的一跨为例说

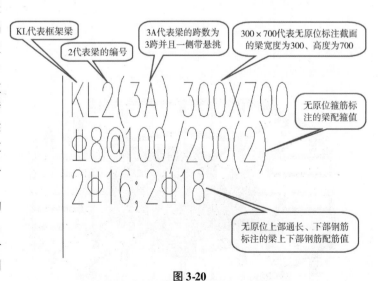

图 3-20

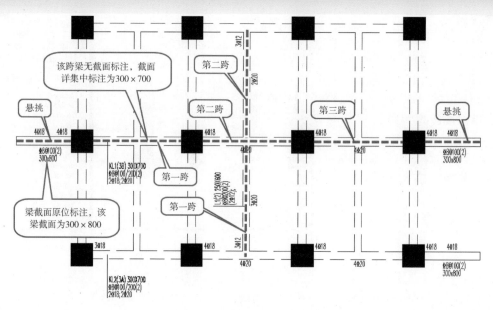

图 3-21

明结构梁的创建一般过程。

1）接上节练习，切换至四层结构梁平面视图，链接四层梁施工图。

2）如图 3-22 所示，单击"结构"选项卡"结构"面板中"梁"工具。

3）在"属性面板"中选择梁类型 500mm × 600mm，Y 轴对正选择右，Z 轴对正选择顶。

4）在平面视图中单击该梁下侧梁线左端点，再单击右端点，完成该梁创建。当然也可以通过拾取线的方式创建梁，这种方式通常用于曲梁创建。

使用相同的方式，完成其他梁绘制，结果如图 3-23 所示。完成后模型参见本书"随书文件 \ 第 3 章 \ 3-3-3. rvt"项目文件。

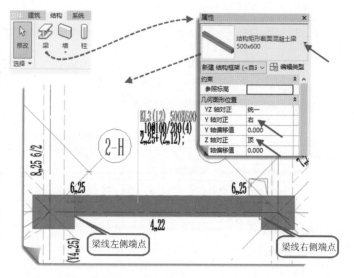

图 3-22

3.3.4　创建结构板

竖向构件与梁围成最小区域为一块结构板，为确保结构板的准确性，应每块板创建一个板图元的方式进行结构板模型的创建，结构板的标识说明如图 3-24 所示。接下来，以编号为 LB4 的板为例说明创建结构板的一般过程，该板厚度为 130mm。

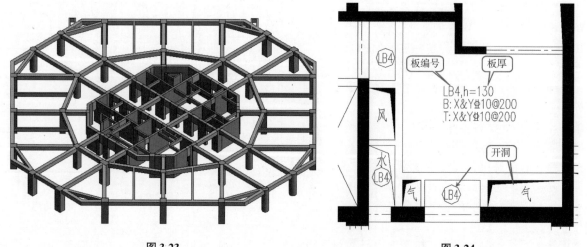

图 3-23　　　　　　　　　　　　　　　　　图 3-24

1）如图 3-25 所示，在四层结构板平面视图中，链接 "四层板配筋图 . dwg" 图纸文件。

2）单击 "结构" 选项卡 "结构" 面板中 "楼板" 下拉列表中 "楼板：结构" 工具，在属性栏里面选择相应板厚类型。

3）在上侧菜单栏上单击边界线、直线，再在平面视图中沿着板边缘绘制板轮廓，绘制完成后，单击上侧图标 "√" 完成楼板创建。

4）使用相同的方式，完成其他楼板绘制，结果如图 3-26 所示。完成后模型参见本书 "随书文件 \ 第 3 章 \ 3-3-4. rvt" 项目文件。

这是 Revit 楼板创建最基础的方法，是必须要掌握的。目前工作中，结构楼板数量很大，应结合其他二次开发软件（建模大师、橄榄山）快速生成楼板，然后再局部调整修改完善。

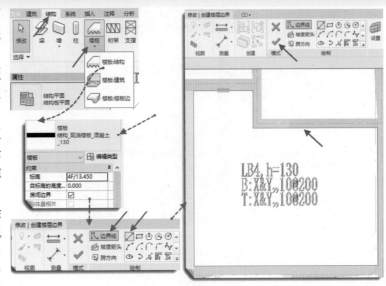

图 3-25

3.3.5　调整平面标高、完善细部大样

竖向构件、梁、楼板构件创建完成后，模型还有一个重要的工作要做，就是调整局部升降板区域梁板标高。在结构平面图中，通常有部分区域被填充显示，填充区域一般表达不同板厚或者标高，通常在图纸附注说明里说明各类填充图案所表达的意义，如图 3-27 所示，该填充区域表示该范围的降板值 350mm。这部分信息需要在结构模型中正确体现。

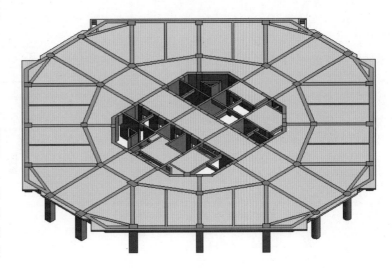

图 3-26

如图 3-28 所示，选中该区域的板，在属性栏中 "自标高的高度偏移" 值填该填充区域升降标高值 -350mm；选中该区域需要降标高的梁，在属性栏中起点标高偏移值与终点标高偏移值均为 0.000，Z 轴偏移值填 -350mm。对于平面高差处，结构梁的标高需特

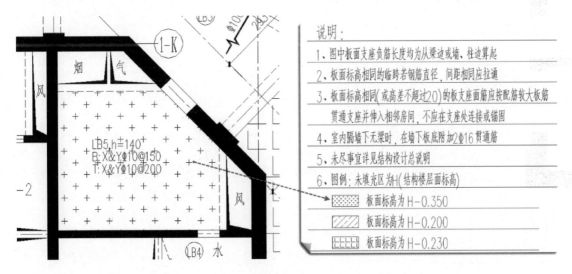

图 3-27

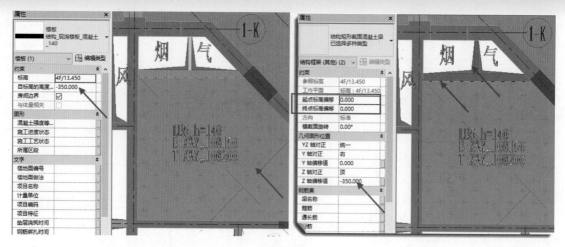

图 3-28

别注意，一般高差处大样或者梁配筋图中有该梁标高说明。

使用相同的方式，完成其他位置调整，结果如图 3-29 所示。完成后模型参见本书"随书文件 \ 第 3 章 \ 3-3-5. rvt"项目文件。

梁的标高调整，也可以设置起点标高偏移值和终点标高偏移值均为 −350mm、Z 轴偏移值为 0.000 调整，不建议同时调整起点终点标高偏移值和 Z 轴偏移值。在结构板降板时，常见的一个问题是板面标高低于梁的高度，造成悬空板，需要在模型的创建过程中注意检查。

3.3.6 创建预留预埋

剪力墙上可能存在开门洞、穿风管、穿消防管等；梁上可能存在穿桥架、穿水管、穿风管；板上也可能存在穿管线，结构设计需为这些情况预留洞口或者预埋套管，如果无预留或者预留不准确造成再次整改，对于结构来说非常困难，需要在已经施工的结构上开洞、对结构构件进行加固。

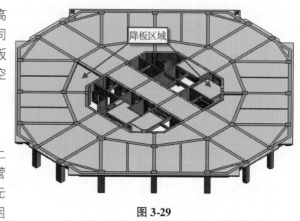

图 3-29

因此，图纸上要准确表达预留预埋，结构 BIM 模型中也要准确创建预留预埋。接下来以创建如图 3-30 所示剪力墙上预留洞口为例说明创建预留洞口的一般过程，该洞口宽度 900mm、高度 700mm、距离结构楼层标高 2500mm。

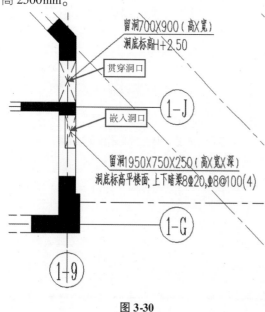

图 3-30

1）接上节练习。如图 3-31 所示，在三层墙柱平面视图中，洞口宽度上下边界处绘制参照平面，并且绘制剖面视图，剖面视图上能显示所绘制的参照平面与该预留洞口的墙。

2）单击"建筑"选项卡"构件"面板中"门"工具，在"属性面板"中选择或创建类型为 900mm×700mm 的门洞。

3）在创建的剖面视图上放置该洞口，洞口的两侧对齐参照线，再选中洞口，底部高度调整为 2500mm，如三维视图完成该墙上洞口创建。

4）嵌入洞口创建方法与贯穿洞口类似，唯一区别在于嵌入洞口需要设置洞口厚度，贯穿洞口不用设置，默认为墙厚。

5）本层所有预留预埋创建结果如图 3-32 所示。完成后模型参见本书"随书文件 \ 第 3 章 \ 3-3-6. rvt"项目文件。

如墙上有特殊预留洞口，可创建相应的族，按类似方法放置上去，也可编辑墙的轮廓，把洞口绘制出来；梁上预留洞口、预留套管如图纸表达有，也应创建。在《Revit 建筑设计思维课堂》一书中有详细的洞口创建方式。

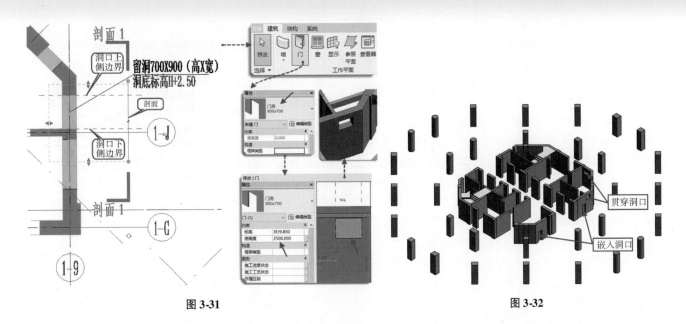

图 3-31　　　　　　　　　　　　　　　　　　　　图 3-32

预留预埋协调是机电深化设计的重要工作，通常需要根据机电深化的成果对预留预埋洞口进行修订和变更。预留预埋洞口变更后，通常需要经过设计确认后才能用于现场施工。

3.3.7　创建结构楼梯

楼梯为竖向通道，通过台阶和休息平台转折上下延伸，楼梯的空间关系非常复杂。由于结构楼梯需要考虑结构承载，需要设置梯梁梯柱，因此结构楼梯尤为复杂。结构楼梯设计往往考虑不充分，经常导致错误，比如梯梁、梯柱直接挡门或者挡窗；梯柱落到通道上影响通行；梯梁距离门窗位置不足导致门窗不能完全打开；结构楼梯与楼层结构冲突；甚至有结构楼梯方位错误等。结构楼梯设计复杂，结构楼梯 BIM 模型创建也非常复杂，创建结构楼梯并且进行空间分析非常必要。

如图 3-33 所示为 1#楼梯四层平面图，楼梯平面图上分梯段、休息平台。梯段为台阶式的，如果为折板楼梯，则存在上侧或下侧水平段。休息平台用于过渡不同梯段且人可以适当休息，休息平台上有平台板、梯梁、梯柱（该楼梯无梯柱），楼梯剖面图、平面图应协调。由于休息平台板板厚不同于梯板，并且不同梯板间厚度也有可能不同，因此梯板不能连续创建，一个梯板需要创建一个单独模型构件。

创建楼梯的步骤为：首先根据休息平台的位置创建一定数量的休息平台平面视图并且重命名视图名称，如图 3-34 所示创建 "3F/9.850（楼梯）" "4F/13.450（楼梯）" 平面视图；其次在相应平面视图中链接相应的楼梯平面图纸；再创建相应休息平台板、梁、柱；最

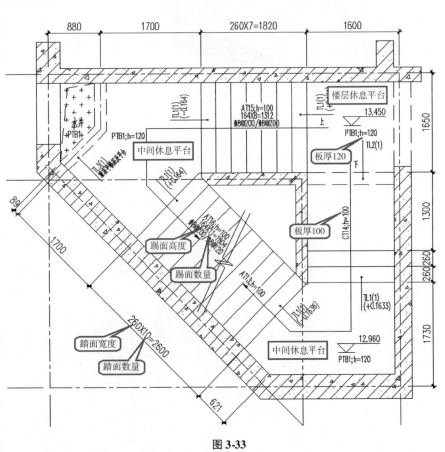

图 3-33

后分别用楼梯把各个休息平台连接起来，完成模型创建。

在"3F/9.850（楼梯）"平面视图中创建休息平台板、梯梁、梯柱，创建的方法分别与前面结构板、结构梁、结构柱的方法相同。

1）接上节练习。以 3F 和 4F 标高为基础创建"3F/9.850（楼梯）"和"4F/13.450（楼梯）"两个楼层平面视图。"3F/9.850（楼梯）"视图范围中的剖切面偏移值设为 3700mm，"4F/13.450（楼梯）"视图范围中的"底部"选择"4F"、偏移值设为 −3700mm。

2）使用楼板、梁工具根据结构设计成果创建休息平台，创建结果如图 3-35 所示，要特别注意的是调整休息平台楼板标高、梁标高以及柱上下标高。

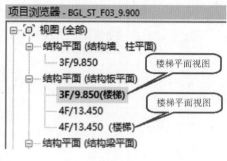

图 3-34

创建好休息平台后，下一步分段创建连接休息平台的梯段，以创建图 3-33 中 12.960 标高至 13.450 标高梯段为例说明梯段创建的一般过程。

1）如图 3-36 所示，同样在"3F/9.850（楼梯）"平面视图中进行操作，单击"建筑"选项卡"楼梯坡道"面板中"楼梯"工具，在属性面板类型选择器中选择"现场浇筑楼梯：结构楼梯_混凝土_260×200_100"楼梯类型，楼梯踏面、踢面的值参见图 3-36 中所示，且应在类型要求范围内；设置该梯段的底部和顶部标高，同样建议标高基准选择 0.000，然后进行偏移，在属性面板中填写实际踢面数量、踏面宽度，"踏板/踢面起始编号"默认值为 1，只是编号，对模型没有影响，可以不调整。

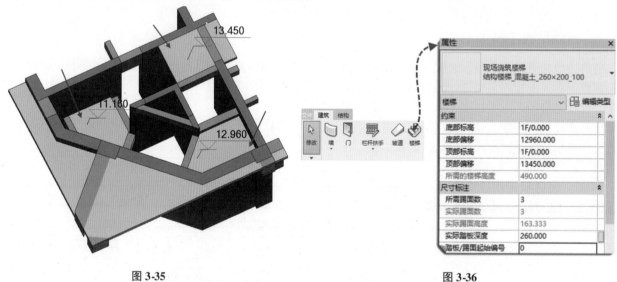

图 3-35　　　　　　　　　　　　　　　　　　　　　图 3-36

2）如图 3-37 左侧所示，在"修改 | 创建楼梯"选项卡"构件"面板中，单击梯段、直线梯段。

图 3-37

3）在四层楼梯平面视图中从低到高方向绘制楼梯，左右拉伸调整横向位置及宽度，上下对齐调整楼梯纵向位置。

4）由于该梯段为折板，存在上平台需要创建，如图 3-37 右侧所示，则再单击菜单上平台→草图，如图 3-38 所示，在平面视图中绘制折板楼梯水平段轮廓，单击 "✓" 完成平台创建，再单击 "✓" 完成该梯段创建。

5）采用同样的方式补充其他梯段，完成整个楼梯创建，如图 3-39 所示。

6）使用相同的方式，完成其他楼梯绘制，结果如图 3-40 所示。完成后模型参见本书 "随书文件 \ 第 3 章 \ 3-3-7. rvt" 项目文件。

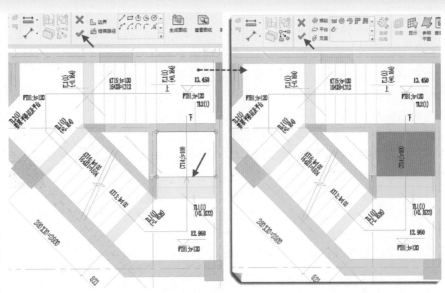

图 3-38

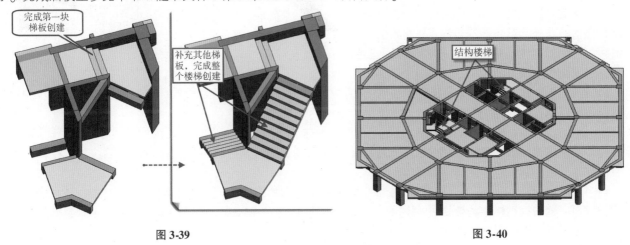

图 3-39　　　　　　　　　　　　　图 3-40

楼梯图纸上的标高均表达为相对于正负零的标高，因此建议楼梯模型所有构件的基准标高均选择正负零，然后按图纸标注的标高进行偏移。如果基准标高选择三层或者四层，则构件偏移值为图纸上表达的标高减去基准标高，偏移值需要换算，大大增加工作量并且有可能算错。

3.4　创建建筑专业模型

创建完结构专业后，就要创建完善建筑专业模型，由于建筑专业的平面布置、隔墙对机电管线水平排布有约束，因此在进行机电深化设计时可先行创建墙体、楼地面，再门窗、楼梯坡道等。注意，需要在建筑专业模型中完成相关的操作。读者可打开本书 "随书文件 \ 第 3 章 \ BGL_AR_F03_9.900.rvt" 项目文件进行本节操作。

3.4.1　创建必要的建筑平面视图

建筑专业的标高与结构专业不同，建筑标高高于结构标高。建筑平面图层高表、立面图、剖面图中均有各楼层标高表达。本书案例创建三层建筑模型，需要创建三层、四层标高，根据三层标高生成三层建筑平面视图，如图 3-41 所示。把轴网与当前视图对齐拷贝到三层平面视图并且锁定，然后再把三层建筑平面图链接进入平面视图，调整图纸轴网位置与模型轴网一致，然后锁定图纸。

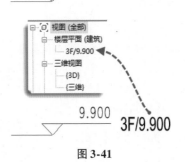

图 3-41

3.4.2 创建墙柱建筑模型

在建筑图中，如图 3-42 所示，墙体分结构墙和建筑隔墙，结构墙如大家所理解，就是钢筋混凝土墙，建筑隔墙为一般的砌体墙。因为结构墙会在结构专业模型中创建，因此在建筑模型中，结构墙建筑只表达墙表面装饰总厚度，内部混凝土部分为空心，填充墙模型既要表达核心内部砖，又要表达外部装饰层。两种墙体创建只是选择族不同，创建方法完全相同。

接下来创建图 3-42 中上侧粗虚线处的建筑隔墙。创建建筑隔墙时，遇到门窗隔墙不需要断开，在墙上放置门窗时，门窗会自动剪切墙体。

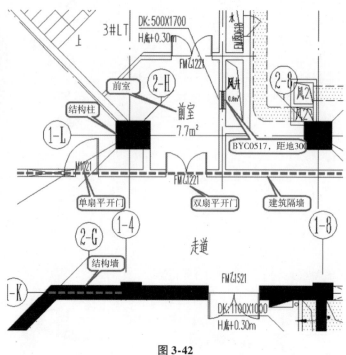

图 3-42

1）如图 3-43 所示，单击"建筑"选项卡"构件"面板中"墙"下拉列表中"墙：建筑"工具，在"快速访问栏"中分别设置定位线选择"核心面：外部"（图纸上墙线表达的就是砖的厚度，不包括装饰层，模型墙的砖边界需与图纸墙线重合，族核心面外部就是砖的边界，这样设置能实现沿线绘制墙的时候，墙的砖边界线与墙线重合，墙定位一次到位）。

2）在"属性面板"中选择对应宽度墙厚的砖墙类型，墙的底部约束为三层标高、偏移值为零；墙的顶部约束为四层标高、偏移值为零。

3）最后在平面视图上，捕捉至墙边线的一端端点单击作为墙绘制起点，移动鼠标到另一端端点时 Revit 会给出墙体绘制预览。如果预览墙体位置与图纸墙体位置不同，则可通过按键盘空格键反转墙位置，拾取墙体终点单击完成该墙创建。

4）继续使用墙工具，在类型选择器中选择"建筑外墙_白料 20_空心 400_白料 20"墙类型，该类型用于创建结构墙面。建筑模型中结构墙面的创建方法与普通隔墙方法完全相同。如图 3-44 所示，结构墙模型内部空心，只有外部装饰层，普通隔墙内部为砖砌体、外部为装饰面层。

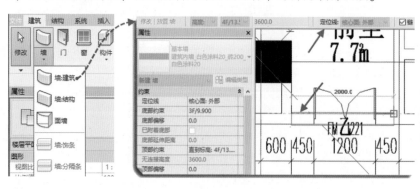

图 3-43

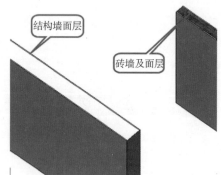

图 3-44

5）使用相同的方式，完成其他墙柱绘制，结果如图 3-45 所示。完成后模型参见本书"随书文件 \ 第 3 章 \ 3-4-2.rvt"项目文件。

注意，由于在建筑模型中重新创建了结构墙的面层部分，结构模型中各结构墙体的预留洞口需要在建筑模型中采用相同的方式进行预留洞口创建。

3.4.3 创建门窗

门的种类有单开门、双开门、普通门、防火门、门联窗、人防门

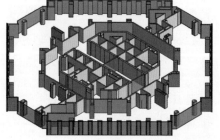

图 3-45

等；窗的种类有单扇固定窗、单扇平开窗、单扇悬窗、双扇推拉窗、双扇平开窗等。在 BIM 模型中，门窗需要依附于墙布置，在 Revit 中这类族被称为基于主体的族。前面墙的创建过程已说明墙体在遇到门窗时不需要断开，是因为门窗放置于墙体上，Revit 会自动在墙体中生成洞口并自动剪切墙体。如图 3-42 所示，图中有单扇平开普通门、双扇平开防火门、百叶窗，下面进行这些门窗创建。

1）接上节练习。切换至 3F 平面视图。如图 3-46 所示，单击"建筑"选项卡"构件"面板中"门"工具。

2）在"属性面板"中选择或者创建与图纸相同的门的类型，并且修改"底高度"值为门槛的实际高度。

3）移动光标靠近门所在墙的位置，单击左键，门放置在墙上。但是门的水平位置往往和图纸位置有少许偏移，还需 AL 对齐命令把所建门与图纸门位置对齐，完成门的创建。

4）根据建筑图纸中的门窗编号，选择不同的门窗族，使用相同的方法完成 3F 门窗布置。完成后 3F 建筑模型如图 3-47 所示。本节完成成果文件参见本书"随书文件 \ 第 3 章 \ 3-4-3.rvt"项目文件。

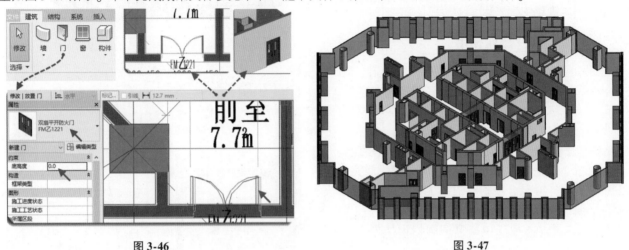

图 3-46   图 3-47

一般门不需设置底高度，默认为零，但是升降板区域、水井门、电井门等特殊的地方，门底高度为升降板高度或者管井门槛高度。在 Revit 中，门窗的样式可以根据工程需要自行定义，并保存为独立的 .rfa 格式的族文件，这类族被称为可载入族。

3.4.4 创建建筑楼地面

在建筑模型中，建筑楼地面的创建至关重要，它是使用空间的底部限制，如果模型有误，则空间划分错误，对分析结果造成重要影响。建筑楼地面的创建方法同结构板，使用板工具，只是类型属性中材质和构造定义不同。下面以创建 3F 中图 3-42 中前室的楼地面为例，说明创建建筑楼板的一般过程。

1）接上节练习。切换至 F3 楼层平面视图。如图 3-48 所示，单击"建筑"选项卡"构件"面板中"楼板"下拉列表中"楼板：建筑"工具。

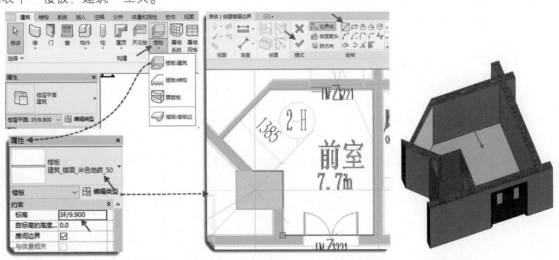

图 3-48

2）在"属性面板"中选择或创建相应的楼板类型，设置标高以及自标高的高度偏移值，然后在上侧菜单栏里选择边界线创建的方式（画直线、画矩形、拾取线等），这里选择画直线。

3）在平面视图中，沿着房间把边界画出来，最后单击上侧菜单栏里的"√"完成该房间楼地面创建。

4）使用相同的方式，完成其他楼地面绘制，结果如图 3-49 所示。完成后模型参见本书"随书文件 \ 第 3 章 \ 3-4-4. rvt"项目文件。

在创建建筑楼板时，如果板上有洞口、排水沟、集水井，则均需要正确表达。

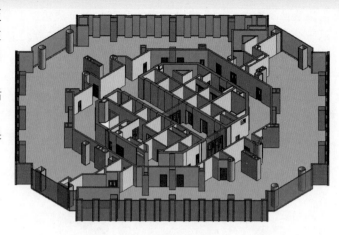

图 3-49

3.4.5　布置房间及房间标记

楼地面绘制完成后，还需布置房间及标记。应采用 Revit 中提供的"房间"工具进行房间布置并标记，不能在房间内直接进行文字标注，因为文字是孤立的，文字无法和房间进行关联。

1）接上节练习。切换至 3F 平面视图。如图 3-50 所示，单击"建筑"选项卡"房间和面积"面板中"房间"工具。勾选选项栏"在放置时进行标记"选项，如图 3-51 所示。

2）在"属性面板"中选择房间标记类型，房间上限选择基于地面标高进行偏移、选择三层标高偏移净高值，底部标高偏移值为升降板标高，填写房间名称。

3）平面视图中，移动光标到相应范围内，自动拾取房间边界，合适位置单击鼠标完成房间放置及名称面积标记。

4）选择房间标记，修改房间名称为"前室"，注意 Revit 会同时修改房间属性中"名称"值。

5）按类似的方式在平面上完成其他地方标注，结果如图 3-52 所示。完成后模型参见本书"随书文件 \ 第 3 章 \ 3-4-5. rvt"项目文件。

在 Revit 中放置房间时，默认会自动放置房间标记。房间标记与房间的属性关联，当修改标记的名

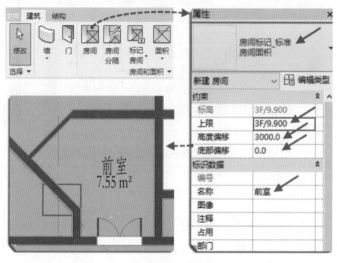

图 3-50

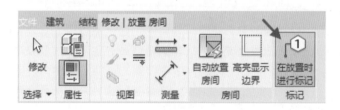

图 3-51

称或房间的属性时，均会实现同步修改。标记在 Revit 中属于注释信息，Revit 允许用户自定义标记的内容和形式，读者可参考其他相关书籍学习如何自定义注释标记。

3.4.6　创建天花板

天花板是使用空间的上限，天花板界面上有灯具、风口、烟感等机电末端，天花板与上部结构之间空隙可布置机电管线。

1）接上节练习。切换至 3F 楼层平面视图。如图 3-53 所示，单击"建筑"选项卡"构件"面板中"天花板"工具。

2）在"属性面板"中根据实际选择天花板类型，天花板基于标高选择底部楼层标高 3F，"自标高的高度偏移"值为房间净高，

3）在平面视图中，天花板边界线绘制同楼板，绘制完成后单击"√"完成天花板的创建。

4）使用类似的方式在平面上完成其他天花板图元。结果如图 3-54 所示。完成后模型参见本书"随书文件 \ 第 3 章 \ 3-4-6. rvt"项目文件。

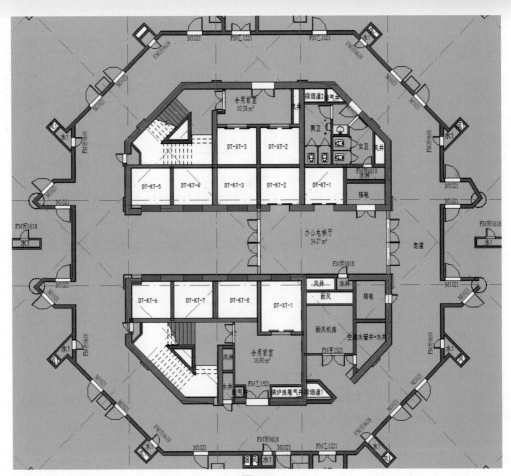

图 3-52

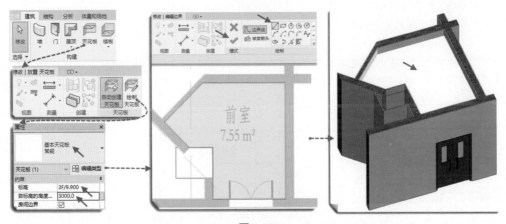

图 3-53

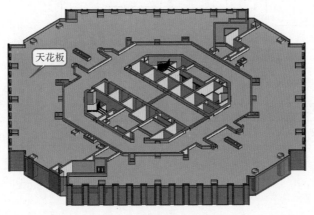

图 3-54

天花板的底部标高为设置标高，不同于楼板，楼板的设置标高为顶部标高。

3.4.7 创建建筑楼梯

建筑楼梯为楼梯的面层和栏杆，没有结构的梯梁梯柱，比结构楼梯简单。如图 3-55 所示为楼梯平面、图 3-56 为楼梯剖面图，在平面图中，有各个梯段及休息平台的平面定位及轮廓，在剖面图上有各个梯段的标高，楼梯的平面与剖面应结合着看，才能更好地理解楼梯空间关系。楼梯平面与剖面表达的信息应互为协调，表达一致。

如图 3-55、图 3-56 所示，LT1 三层至四层层高为 3600mm，楼梯梯段分 3 段，上梯段踢面数量 3 个、中间 11 个、下部 8 个，共计 22 个踢面，踢面高度均为 163.6mm，从而该三个梯段在一个楼梯里面创建，如果踢面高度不同，则不同高度需分开创建。

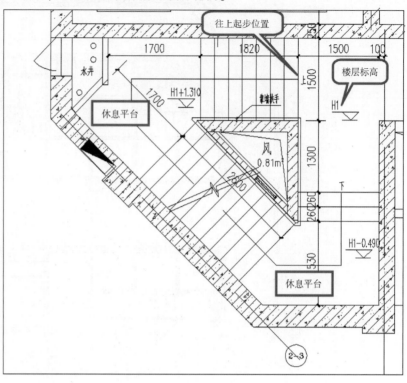

图 3-55

如果在"3F/9.900"平面视图上链接楼梯平面图纸创建楼梯，则该平面视图上楼梯图纸与楼层图纸重叠，不便于查看。楼梯创建前，应单独创建楼梯平面视图，在该视图上进行楼梯创建。如图 3-57 所示，创建"3F/9.900（楼梯）"平面视图，把三层楼梯平面图链接进楼梯平面视图，锁定图纸后再进行楼梯创建。

建筑楼梯创建过程类似于结构楼梯。

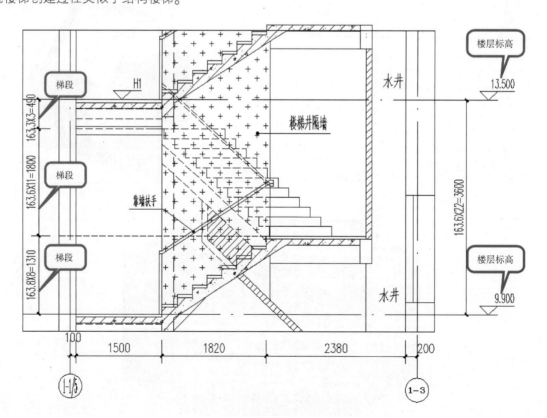

图 3-56

1）接上节练习，如图 3-58 所示，单击 "建筑" 选项卡 "楼梯坡道" 面板中 "楼梯" 工具。

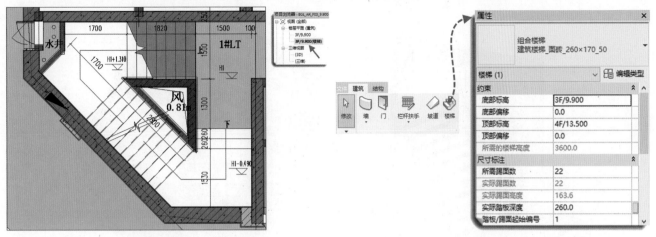

图 3-57   图 3-58

2）在 "属性面板" 中选择楼梯类型、设置标高、三段踢面总数、踏面宽度等参数，如图 3-59 左侧所示，然后单击梯段、直梯，在平面图上从第一梯段底部沿上楼方向绘制 8 个梯面。梯段生成后，选中梯段可拖拉调整梯段的宽度使之与图纸重合。

3）第一梯段完成后，如图 3-59 右侧所示，单击平台选项，使用草图绘制方式，如图 3-60 左图所示，在平面图上绘制第一个休息平台的轮廓，单击 "√" 完成第一个休息平台创建。

4）如图 3-60 右图所示，按相同的方法依次创建第二梯段、第二休息平台、第三梯段，最后单击 "√" 完成整个楼梯创建，如图 3-61 所示。

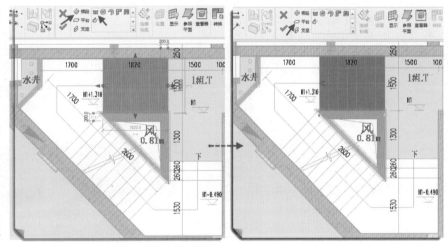

图 3-59

5）使用相同的方式，完成其他楼梯绘制，结果如图 3-62 所示。完成后模型参见本书 "随书

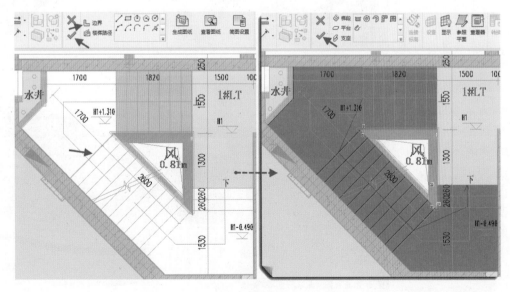

图 3-60

49

文件 \ 第3章 \ 3-4-7. rvt" 项目文件。

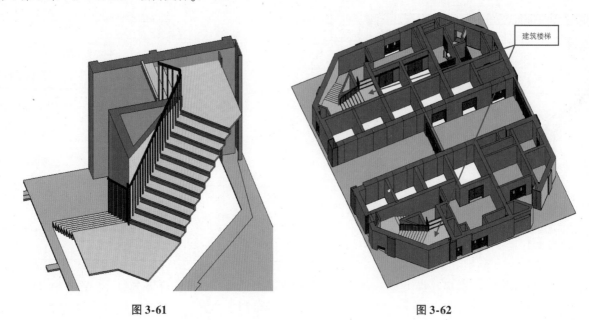

图 3-61   图 3-62

3.4.8 其他建筑模型

通过前述操作介绍了建筑墙柱、门窗、地面、房间标注、天花板、楼梯的模型创建，这些是组成建筑整体的主要元素，但是建筑模型远不止这些。如图 3-63 所示，对于主体建筑来说，地下室车库存在车位、集水坑、汽车通过防火分区分界处设置的防火卷帘、汽车坡道以及其他位置设置的扶梯、排水沟、临空处的栏杆等。建筑模型涉及的构件千变万化，单一构件也有非常多的种类。比如栏杆，有玻璃栏杆、铁艺栏杆、石料栏杆等，材质类型千变万化。Revit 中，均可通过不同的工具配合合适的族来实现。

前面讲的只是建筑主体内的建筑模型，建筑主体之外还有其他模型创建，例如外立面幕墙及造型模型、景观场地模型，在施工阶段还包括施工场地布置模型等。

如图 3-64 所示，外立面幕墙及造型模型包含外立面的所有内容，外立面幕墙不只是玻璃幕墙，还包含铝板造型、塑料线条、广告位、弧形顶部、雨棚、外包造型等。外立面造型是整个项目给人的建筑形象，体现了整个项目的定位风格。外立面模型的创建，有助于优化外立面做法，同时检查外立面与主体设计的关系，确保不合理的地方及时修改。比如主体结构与外立面设计间存在碰撞，梁柱等结构构件超出外立面时，就要及时修改主体设计，避免主体施工后不得不修改外立面的情况；主体结构在设计

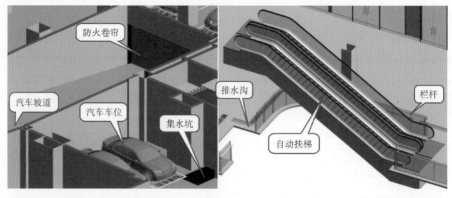

图 3-63

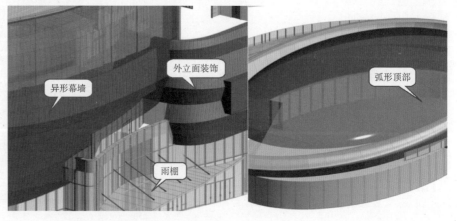

图 3-64

时通常未考虑外立面施工落地，通过模型也可以检查出来，比如图3-64中的雨棚斜拉杆，主体结构是否考虑了拉杆的锚固，结构计算是否考虑了雨棚的荷载。

如图3-65所示为场地模型，包含各种材质的地面、路灯、植物植被、景观小品、构架、台阶等。对于起伏非常大的场地，单体与场地、结构顶板与场地、汽车坡道出入口与场地等关系极其复杂。园林景观、挡墙设计，主体建筑、结构、水暖电之间的配合难度极大，往往会出现大量单体与场地、结构顶板与场地、汽车坡道出入口与场地冲突的情况，并且场地相关单位配合极其不到位，采用BIM技术搭建三维信息模型，特别是精细的场地模型，基于BIM模型分析单体与场地的关系、结构顶板与场地的关系、汽车坡道出入口与场地的关系，在设计阶段规避严重的问题发生。园林设计单位与主体设计单位非常多的地方会出现配合不到位，产生场地覆土大量超深、景观挡墙设计未考虑主体结构、景观花园不成立等问题，基于BIM技术协调各个单位现场一一解决这些问题。

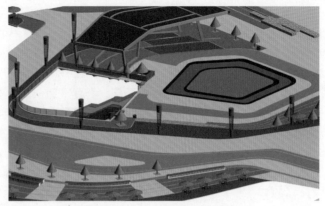

图3-65

在设计阶段，采用BIM技术严格控制场地设计质量，进入施工阶段，同样靠BIM技术让设计完美落地，要求施工单位在施工某一部位前，必须仔细浏览相应部位BIM模型，清楚设计意图，然后参照模型施工。如图3-66所示，为施工场地布置模型，包含施工区域、生活区、材料加工区、围挡、道路、塔式起重机等。基于施工阶段场地布置模型，可进行施工区域规划分析。比如对塔式起重机进行模拟分析，可得出最优的塔式起重机位置及数量；生活区、材料加工区布

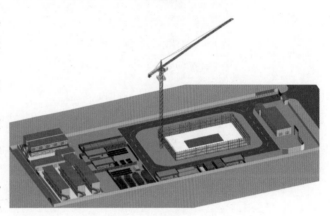

图3-66

置是否合理，人员动线、车行动线是否畅通，是否存在安全隐患等，均可基于BIM模型模拟分析，减少工期、节约成本、提升品质。

3.5 机电深化对土建模型的要求

3.5.1 建筑与结构模型规则

土建模型分建筑模型与结构模型，为了便于工作开展、群体参与，单个文件不能太大，且建筑模型与结构模型均应分层创建。一般来说，单个文件大小不宜超过150M。设计图纸中的楼层、建筑专业模型中的楼层以及结构专业模型中的楼层之间的概念是不同的。设计图纸中的楼层平面图代表某一标高上相应图形平面表达；建筑模型层代表图纸对应的标高的底板面层及这一标高与上一标高之间建筑构件（墙、柱、门窗、楼梯等）；结构模型层代表图纸对应标高与上一标高之间的墙、柱、楼梯以及上一层标高的梁、楼板、洞口等构件。如图3-67所示，左侧为三层建筑模型，右侧为三层结构模型。

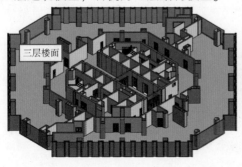
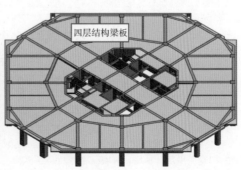

图3-67

模型分专业分层创建，且应按统一、规范的名称命名，各标高模型命名规则如图3-68所示，先后顺序为项目名称缩写、专业代码、楼层代码、楼层标高。其中项目名称缩写取项目汉语拼音大写首字母，一般不超过四个字母；各专业代码中，AR代表建筑，ST代表结构，AC代表暖通，PD代表给水排水，EL代表电气，JD代表暖通、给水排水、电气整合在一起的机电模型；楼层代码中，地下部分采用字母B开头，B01代表负一层，地上部分字母F开头，F01代表一层；楼层标高中，各专业统一采用楼层建筑标高。

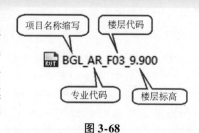

图 3-68

建筑结构模型元素需要统一命名，也就是族类型名称需按一定规则命名。建筑结构族类型命名规则类似，主要体现构件的类型、材质、几何尺寸等。表3-3为建筑专业主要族类型命名规则；表3-4为结构专业主要族类型命名规则。

表 3-3

类别	命名原则	示例
墙	类型_主体材质_主体厚度_(扩展描述)	内墙_页岩空心砖_200
幕墙	幕墙类型_编号_(扩展描述)	普通玻璃幕墙_01
楼、地面	使用位置_材质_厚度_(扩展描述)	卫生间面层_防滑地砖_50
门	编号名称	FM 乙 1822
窗	编号名称	C1520
屋面	屋面_类型_主要厚度_(扩展描述)	屋面_保温不上人屋面_300
天花板	天花_类型_主要厚度_(扩展描述)	天花_石膏板_100

注：1. 其他未注明的元素命名参考上面相近的元素。
　　2. 扩展描述为可选项，如有特殊要说明，在最后描述说明。

表 3-4

类别	命名原则	示例
柱	截面类型_材质_规格_(扩展描述)	矩形柱_钢筋混凝土_600×600
墙	墙类型_材质_厚度_(扩展描述)	挡墙_钢筋混凝土_300
梁	截面类型_材质_规格_(扩展描述)	矩形梁_钢筋混凝土_600×600
板	类型_材质_厚度_(扩展描述)	筏板_钢筋混凝土_800
梯板	类型_材质_厚度_(扩展描述)	梯板_钢筋混凝土_120
基础	类型_材质_规格_(扩展描述)	桩基础_钢筋混凝土_800
承台	类型_材质_规格_(扩展描述)	承台_钢筋混凝土_1200×1200×1500

注：1. 其他未注明的元素命名参考上面相近的元素。
　　2. 扩展描述为可选项，如有特殊要说明，在最后描述说明。

3.5.2 土建模型深度要求

模型深度分几何深度和信息深度。目前在BIM实施中，除了极少数有运维要求外，对于信息深度要求不高。需要施工图BIM专项审查的项目要求对信息进行处理。表3-5为常规项目土建几何深度、信息深度要求，如项目没有信息要求，则模型创建过程中不必设置信息。

表 3-5

专业	几何深度	信息深度
建筑	1. 主要建筑构造部件、主要建筑设备和固定设施、主要建筑装饰构件 2. 主要建筑构件，如楼地面、车位、排水沟、集水坑、柱、外墙、门窗、屋顶、幕墙、内墙、内外门窗、楼梯、夹层、阳台、雨篷等	1. 建筑各层的标高，主要功能房间的名称和面积 2. 主要建筑构件主体材质、几何尺寸、防火门窗、防火墙、防火分区等消防信息及隔声、可再循环使用材料、可重复使用隔断等绿建信息是否明确

（续）

专业	几何深度	信息深度
结构	1. 包含挡墙、基础结构构件的布置 2. 包含承重墙、梁、柱、楼板等主体结构构件的布置 3. 包含楼梯、坡道等其他构件 4. 结构上预留预埋需创建 5. 主要节点大样需创建	1. 主体构件如基础、承重墙、梁、柱、楼板等结构构件需要录入混凝土强度等级、钢材型号信息 2. 需要设置主要楼层结构平面视图，并与二维设计图纸名称对应一致

3.6 本章小结

　　土建专业包括建筑与结构两类专业模型，它们是机电深化设计的基础。本章主要介绍了建筑结构的图纸基本组成，模型创建前标高轴网创建，如何从项目样板开始创建结构模型、建筑模型，初步介绍了其他建筑模型的构成。本章还介绍了 BIM 模型文件命名规则，建筑结构模型几何及信息标准。使大家知道了土建模型的创建顺序，主要构件的创建方法及重点注意事项。通过本章学习，对土建模型的创建有了系统的了解。本章是机电深化设计的基础部分，也是 BIM 多专业协同工作的基础。

 第**4**章 创建给水排水专业模型

从本章开始，将系统地介绍如何在 Revit 中绘制机电各专业模型并对其进行深化设计。本章将以"样例项目"为基础，从零开始在 Revit 中进行给水排水和消防两个专业的模型创建。

4.1 给水排水专业基础

4.1.1 给水排水专业划分

建筑给水排水系统主要包括以下系统：给水系统、排水系统、消火栓给水系统、自动喷淋系统。

1. 给水系统

通过管道及辅助设备，按照建筑物和用户的生产、生活和消防需要，有组织地把水输送到用水点的网络称为给水系统，包括生活给水系统、生产给水系统和消防给水系统。

2. 排水系统

通过管道及辅助设备，把屋面雨雪水、生活和生产的污水、废水及时排放出去的网络称为排水系统。

3. 消火栓给水系统

室内消火栓给水系统的主要组件有室内消火栓、水带、水枪、消防卷带（又称水喉）、水泵接合器，其中水泵接合器是供消防车从室外向室内消防系统供水的接口，有地上式、地下式和墙壁式三种，由接合器本体和止回阀、闸阀、安全阀、泄水阀等组成。

4. 自动喷淋系统

自动喷淋系统具有工作性能稳定、灭火效率高、不污染环境、维护方便等优点，主要由喷头、报警阀组、管道系统组成。

4.1.2 给水排水专业识图

给水排水图纸主要包括图纸目录、设计说明、设备材料表、平面图、系统图及卫生间大样图等。图纸会详细说明项目的基础概况，设计开始之前请读者仔细阅读。表 4-1 列举了图纸的一般情况，图纸大小可以不用介绍，这个主要与项目有关，不一定是 A1、A0。

表 4-1

图纸名称	图幅	比例
图纸目录	A1	
设计施工说明、图例	A1	
设备材料表	A1	
平面图	A0、A1	1：100
系统图	A1	1：100
大样图	A1	1：100

图纸主要内容见表 4-2。

表 4-2

编号	图纸名称	图纸主要内容
1	图纸目录	包含给水排水专业所有图纸的名称、图号、版次、规格，方便查询及抽调图纸
2	设计施工说明	包括给水排水设计施工依据、工程概况、设计内容和范围、室内外设计参数、各系统管道及保温层的材料、系统工作压力及施工安装要求等
3	图例	反映给水排水专业各种构件在图纸中的表达形式

（续）

编号	图纸名称	图纸主要内容
4	设备材料表	包括此工程中给水排水专业各个设备的名称、性能参数、数量等情况
5	平面图	表达各种卫生器具、给水排水设备、立管、进出户管等在建筑平面中的位置
6	系统图	表达管道系统上的连接点位置（连接顺序、连接方式）及技术要求（管径、坡度、安装高度、设备的技术参数等），并用轴测图来表达系统图的内容，各种图例来区别管道类型
7	卫生间大样图	卫生间因比例限制难以表达清楚所以给出的详图

4.2 项目案例介绍

4.2.1 项目概况

本项目的机电工程主要有给水、排水、消防水、喷淋、暖通和电气共计六大专业。

机电专业的水系统有设计说明，可以非常清楚地说明每个系统的设计流量、管段材质、连接方式、阀门类型、消防设备等重要内容，图4-1 是设计说明的截图，本书随书文件中包含了设计说明，请读者自行阅读。

图 4-1

4.2.2 管道要求

1）给水管管材采用钢塑复合管，采用卡环式接口。

2）室内污水管、阳台雨水管采用 PVC-U 塑料排水管粘接连接。

3）连接卫生设备的排水管，当管径 DN < 50mm 时，采用铜镀铬成品排水配件。

4）室内消火栓管采用热浸镀锌钢管，管道公称压力为 1.0MPa。当管径 DN < 100mm 时，采用螺纹连接；当管径 DN ≥ 100mm 时，采用沟槽式卡箍连接。

4.2.3 阀门及附件

1）当管径 DN < 50mm 时，采用 J11W-16T 型铜质截止阀；当管径 DN ≥ 50mm 时，采用 RVCX-16 型闸阀。但消火栓立管上的阀门均采用 D71X-16 型蝶阀。

2）排气阀采用 ARVX-10 型微量排气阀。

3）卫生间地漏采用防返溢地漏，水封高度不低于 50mm；阳台雨水管为无水封地漏。

4.2.4 消防设备和器材

消火栓箱（单栓）采用甲型组合式消防柜，室内消火栓口径 DN65，直流水枪 φ16 或 φ19，衬胶消防水龙带 DN65，消防水龙带长度 25m，箱体材料为钢—不锈钢，采用临时高压系统供水时，箱内应有报警按钮和指示灯。

4.3 机电系统准备

在机电项目设计过程中，需要与建筑、结构及机电内部各专业间及时沟通设计成果，共享设计信息。如在进行机电设计时，必须参考建筑专业提供的标高和轴网等信息，给水排水和暖通专业要提供设备的位置和设计参数给电气专业进行配线设计等，而机电专业则需要提供管线等信息给建筑或结构专业进行管线与梁柱等构件的碰撞检查。

标高和轴网是设备（水暖电）设计中重要的定位信息，Revit 通过标高和轴网为机电模型中各构件的空间进行定位。在 Revit 中进行机电项目设计时，必须先确定项目的标高和轴网定位信息，再根据标高和轴网信息建立设备中风管、机械设备、管道、电气设备、照明设备等模型构件。在 Revit 中，可以利用标高和轴网工具手动为项目创建标高和轴网，也可以通过使用链接的方式，链接已有的建筑、结构专业项目文件创建标高与轴网。

4.3.1 链接的作用

在进行机电专业设计时，一般都会参考已有的土建专业提供的设计数据。Revit 提供了"链接模型"功能，可以帮助设计团队进行高效的协同工作。Revit 中的"链接模型"是指工作组成员在不同专业项目文件中以链接由其他专业创建的模型数据文件，从而实现在不同专业间共享设计信息的协同设计方法。这种设计方法的特点是各专业主体文件独立，文件较小，运行速度较快，主体文件可以时时读取链接文件信息以获得链接文件的有关修改通知。注意，被链接的文件无法在主体文件中对其进行直接编辑和修改，以确保在协作过程中各专业间的修改权限。主体文件与被链接文件关系如图 4-2 所示。

由于被链接的模型属于链接文件，只有将链接模型中的模型转换为当前工作主体模型中的模型，才可以在当前主体模型中应用。Revit 提供了"复制/监视"功能，用于将链接文件中的模型在当前链接模型中复制生成。且复制后的模型自动与链接文件中的模型进行一致性监视，当链接文件中的模型发生变化时，Revit 会自动提示和更新当前主体文件中的模型副本。例如，设备工程师将建筑模

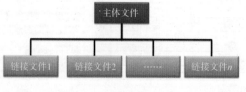

图4-2

型链接到系统项目文件中，作为系统设计的起点。建筑模型的更改在系统项目文件中会同步更新，对于链接模型中某些影响协同工作的关键图元，如标高、轴网等，可应用"复制/监视"进行监视，建筑师一旦移动、修改或删除了受监视的图元，设备工程师就会收到通知，以便调整和协同设计。建筑、结构项目文件也可链接系统项目文件，实现三个专业文件互相链接。这种专业项目文件的相互链接也同样适用于各设备专业（给水排水、暖通和电气）之间。

4.3.2　链接建筑模型

Revit 项目中可以链接的文件格式有 Revit 文件（RVT）、IFC 文件、CAD 文件（DWG、DXF、DGN、SAT 和 SKP）和 DWF 标记文件。本节将重点介绍如何链接 Revit 模型。

要开始机电设计项目，首先选择项目样板。Revit 自带的项目样板不能满足实际的项目需要，自带的项目样板会缺少满足项目的族以及基础设置，通常情况下会选择已经创建好的项目样板进行项目设计，并在该文件中链接已创建完成的建筑专业模型，作为机电设计的基础。下面以提供的项目样板文件链接建筑模型生成系统设计的主体文件为例，说明链接 Revit 模型的操作方法。为确保被链接的文件正确，建议读者将"随书文件 \ 第 4 章 \ 样例项目.rvt"项目文件拷贝至本地硬盘。

图 4-3

1）启动 Revit。在"最近使用的文件"界面中单击"项目"列表中的"新建"按钮，弹出"新建项目"对话框。如图 4-3 所示，在"样板文件"单击"浏览"按钮选择"随书文件 \ 第 4 章 \ RVT \ 机械样板.rte"，确认创建类型为"项目"，单击"确定"按钮创建空白项目文件。默认将打开标高 1 楼层平面视图。

2）单击"插入"选项卡"链接"面板中"链接 Revit"工具，打开"导入/链接 RVT"对话框。如图 4-4 所示，在"导入/链接 RVT"对话框中，浏览至"随书文件 \ 第 3 章 \ 样例项目.rvt"项目文件。设置底部"定位"方式为"自动—原点到原点"，单击右下角的"打开"按钮，该建筑模型文件将链接到当前项目文件中，且链接模型文件的项目原点自动与当前项目文件的项目原点对齐。链接后，当前的项目将被称之为"主体文件"。

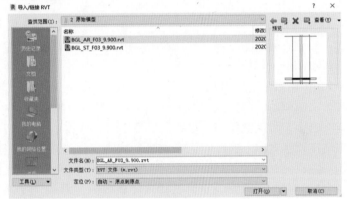

图 4-4

图 4-5

3）选中链接模型，自动切换至"修改 | RVT 链接"上下文选项卡。如图 4-5 所示，单击"修改"面板中"锁定"工具，将在链接模型位置出现锁定符号 🔒，表示该链接模型已被锁定。

🔊 **提示**

> Revit 允许复制、删除被锁定的对象，但不允许移动、旋转被锁定的对象。

4.3.3　复制标高、轴网

链接后的模型和信息仅可在主体项目中显示，链接模型中的标高、轴网等信息不能作为当前项目的定位信息使用。必须基于链接模型生成当前项目中的标高与轴网图元。Revit 提供了"复制/监视"工具，用于在当前项目中复制创建链接模型中图元，并保持与链接模型中图元协调一致。

链接 Revit 项目文件后，当前主体项目中存在两类标高：一类是链接的建筑模型中包含的标高，另一类是当前项目中自带的标高。在样例项目中，由于采用"机械样板"创建了空白项目，则当前项目中的标高为该样板文件中预设的标高图元。为确保机电项目中标高设置与已链接的"样例项目"文件中标高一致，可以使用"复制/监视"功能在当前项目中复制创建"样例项目"中的标高图元。在复制链接文件的标高之前，需要先删除当前项目中已有的标高。

1）接上节练习。切换至"南-机械"视图。该视图位于"视图（全部）"→"立面（机械立面）"视图类别下。如图 4-6 所示，该视图中显示了当前项目中项目样板自带的标高以及链接模型文件中标高。

2）单击选择当前项目中 AC-F1/0.001，按键盘 Delete 键删除当前项目中标高。由于当前项目中包含与所选

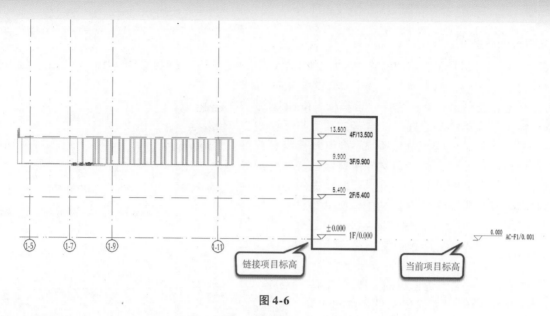

图 4-6

择标高关联的平面视图，因此在删除标高时会给出如图 4-7 所示警告对话框，提示相关视图将被删除，单击"确定"按钮确认该信息。

3）如图 4-8 所示选择"协作"上下文选项卡"坐标"面板中"复制/监视"工具下拉列表，在列表中选择"选择链接"选项，移动鼠标至链接教学楼项目任意位置单击，选择该链接项目文件，进入"复制/监视"状态，自动切换至"复制/监视"上下文选项卡。

4）如图 4-9 所示，单击"工具"面板中"选项"工具，打开"复制/监视选项"对话框。

图 4-7

图 4-8

图 4-9

5）如图 4-10 所示，在"复制/监视选项"对话框中，包含了被链接的样例项目中可以复制到当前项目的构件类别。切换至"标高"选项卡，在"要复制的类别和类型"中，列举了被链接的项目中包含的标高族类型；在"新建类型"中设置复制生成当前项目中的标高时使用的标高类型。创建"新建类型"与"原始类型"保持一致，在本项目中没有的标高类型选择"复制原始类型"，在本项目中已经存在的类型选择相应类型。其他参数默认，单击"确定"按钮退出"复制/监视选项"对话框。

🔊 提示

"复制/监视选项"对话框中，用于设置链接项目中的族类型与复制后当前项目中采用的族类型的映射关系。

6）如图 4-11 所示，单击"工具"选项卡中"复制"工具，勾选选项栏"多个"选项。

7）移动鼠标至项目左上角位置单击并按住鼠标左键不放，向右下方拖动鼠标，将绘制实线矩形选择范围框；直到项目右下角位置松开鼠标左键，Revit 将框选所有完全包围于选择范围框内的图元。单击选项栏"过滤器"按钮，打开"过滤器"对话框，如图 4-12 所示。

8）在绘图区域中进行框选，利用选项栏中的 🔽 进行过滤图元，勾选标高并确定（如图 4-13 所示），完成后单击选项栏"完成"按钮，Revit 将在当前项目中复制生成所选择的标高图元。

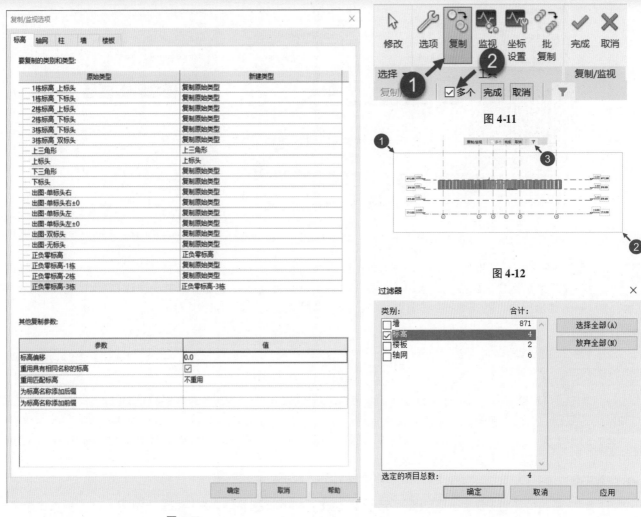

图 4-10

图 4-11

图 4-12

图 4-13

Revit 提供两种框选方式，即自上而下的实线框框选方式和自下而上的虚线框框选方式。实线框框选需要所有图元均在框内，虚线框框选则部分图元在框内即可。读者可自行对比两种框选方式的差别。

9）注意所有生成的标高与链接模型中的标高值和名称均一致。Revit 会在每个标高位置显示监视符号 🔨，表示该图元已被监视。

10）单击"复制/监视"面板中"完成"按钮，完成复制监视操作。注意当前项目中，已经生成与链接项目完全一致的标高。

接下来，将为生成的标高生成对应的楼层平面视图。

11）如图 4-14 所示，单击"视图"选项卡"创建"面板中"平面视图"工具下拉列表，在列表中选择"楼层平面"工具。打开"新建楼层平面"对话框。

12）在"新建楼层平面"对话框中，确认当前视图类型为"给排水"，单击"编辑类型"按钮，打开类型属性对话框。如图 4-15 所示，单击类型参数中"查看应用到新视图的样板"后"无"按钮，弹出"应用视图样板"对话框。确认"视图类型过滤器"设置为"楼层，结构，面积平面"，在视图样板名称列表中选择"平面给排水系统标准样板 1∶100"，单击"确定"按钮返回"类型属性"对话框；再次单击"确定"按钮返回"新建楼层平面"对话框。

13）如图 4-16 所示，在标高列表中显示了当前项目

图 4-14

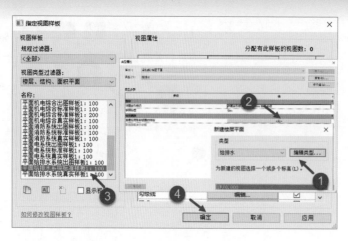

图 4-15

图 4-16

中所有可用标高名称。配合键盘 Ctrl 键，依次单击选择所有标高，单击"确定"按钮，退出"新建楼层平面"对话框。Revit 将为所选择的标高创建楼层平面视图，并自动切换至楼层平面视图中。注意在项目浏览器"视图（全部）"→"楼层平面（给排水）"视图类别中，再次出现"楼层平面"视图类别。

🔊 提示

　　在"新建楼层平面"对话框中勾选底部"不复制现有视图"选项时，已生成楼层平面视图的标高将不会显示在列表中。

　　14）切换至 1F 楼层平面视图，注意当前视图中以淡显的方式显示已链接的样例项目图元。使用类似的方式对轴网进行复制，在此不再赘述，请读者自行尝试。

　　15）打开"插入"选项卡"链接"面板中"管理链接"功能，打开"管理链接"对话框，如图 4-17 所示，选中项目，在下方选择"删除"，将该链接删除。

🔊 提示

　　"复制/监视"功能主要用于基准图元的复制，当复制了基准图元后可将链接文件删除。当需要参考建筑文件时使用"链接 Revit"功能再次链接文件，再次链接的文件将不存在监视的功能，仅用于参考作用。

　　16）保存该项目文件，或打开附加文件"随书文件 \ 第 4 章 \ 4-3-1. rvt"项目查看最终操作结果。

　　利用"复制/监视"功能可快速得到机电专业基准图元，从而保证建筑结构机电所有专业在进行综合时定位图元的一致性。标高轴网是 BIM 建模的基础，请读者熟练掌握。

4.3.4　创建卫生间设备

　　链接文件后，将采用链接的建筑模型作为机电模型的设计参照，在链接的建筑模型上进行机电管线设计。接下来，将在链接的模型基础上进行机电布置，由于卫生间存在板降，而卫生间设备通常需要放置到指定的工作平面上，因此需要创建参照平面确定卫浴装置工作平面。

　　1）再次将建筑模型链接到本项目中，切换至南立面视图，选择"系统"上下文选项卡"工作平面"面板中"参照平面"工具，如图 4-18 所示，在 3F/9.900 标高上方 100mm 位置绘制参照平面，在属性面板中命名该参照平面的名称为"卫生间高程"。

　　2）切换到 3F 平面视图，单击"系统"上下文选项卡"卫浴和管道"面板中"卫浴装置"工具，进入"修改 | 放置卫浴装置"上下

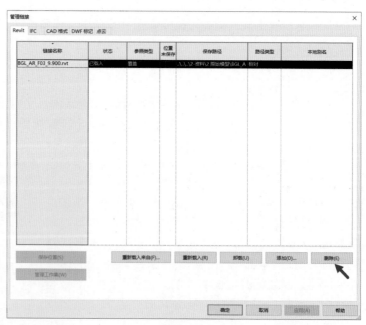

图 4-17

文选项卡，如图 4-19 所示。

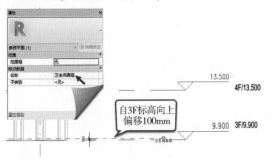

図 4-18　　　　　　　　　　　　　　図 4-19

提 示

所有机电专业的管线和设备都位于系统上下文选项卡。

3）由于该项目样板没有卫浴装置的族，会出现如图 4-20 所示的提醒，点击"是"载入卫浴装置的族。

4）浏览至"随书文件 \ 第 4 章 \ RFA"目录，如图 4-21 所示，配合键盘 Ctrl 键依次单击"蹲便器 . rfa""台下式洗脸盆 . rfa"和"小便器 . rfa"，点击"打开"将族载入到项目中。

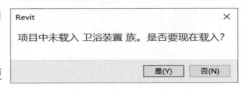

图 4-20

提 示

Revit 的默认族库中族文件均被保存为 . rfa 文件格式。Revit 还支持后缀为 . adsk 的数据交换格式的族文件，该文件通常由 Autodesk Inventor 或其他非 Revit 系列软件创建的设备模型文件。

5）在"属性"面板类型选择器中，确认当前"蹲便器"的族类型为"标准"，将该类型设置为当前使用类型，如图 4-22 所示。

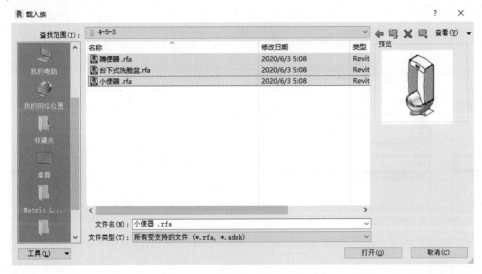

図 4-21　　　　　　　　　　　　　　図 4-22

6）适当放大显示卫生间位置，如图 4-23 所示。不激活"标记"面板中"在放置时进行标记"选项，设置"放置"面板中放置方式为"放置在工作平面上"，确认选项栏

图 4-23

"放置平面"设置为"标高：卫生间高程"即放置在当前 3F 标高往下 150mm 的平面上。

7）如图 4-24 所示，移动鼠标至 1-7 轴线右侧，将显示蹲便器放置预览。按键盘空格键，以 90°进行旋转，当旋转至图中所示方向时，单击放置该蹲便器。配合使用临时尺寸标注，调整蹲便器位置，与图纸保持一致。完成后按 ESC 键两次退出放置卫浴装置工具。

8）继续选择"卫浴装置"工具，参照土建模型的蹲便器位置继续放置，直到完成所有蹲便器的放置，如图 4-25 所示。

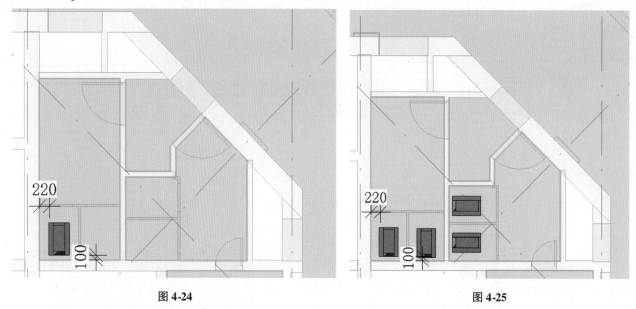

图 4-24   图 4-25

9）使用"卫浴装置"工具。设置当前族类型为"小便器 XBQ001"。如图 4-26 所示，属性面板中设置"偏移"为 300，即距离地面高度为 300mm，配合使用临时尺寸标注，按图中所示位置放置图元。完成后按 ESC 键退出。

10）使用"卫浴装置"工具。设置当前族类型为"台下式洗脸盆：柜台—白橡木"。如图 4-27 所示，确认"属性"面板中台盆放置"标高"为 3F/9.900，偏移量设置为 500，单击"应用"按钮应用该设置。

11）配合键盘空格键旋转台盆预览，参照图 4-28 位置放置台盆图元。

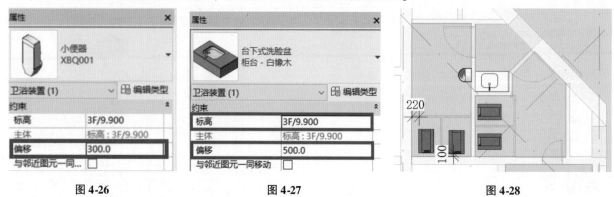

图 4-26   图 4-27   图 4-28

12）至此，完成 3F 标高卫浴装置的创建。保存该项目文件，或打开"随书文件第 4 章 \ 4-3-4. rvt"项目文件查看最终操作结果。

由于卫浴装置属于可载入族，必须载入卫浴设备族到当前项目中才能放置和使用，其各种参数，如卫浴装置的安装高度、图形数量、材质和装饰、系统分类、尺寸、标识数据等，都可以通过卫浴装置的属性来调整其参数。

4.4　创建给水排水管道模型

在工程项目中，根据不同的用途，将采用不同材质的管道。不同材质管道的公称直径范围、管件尺寸及形状均不相同。例如，对于日常给水中常用的 PPR 管道将采用热融的方式进行连接，并且只能与 PPR 材质的管件相连。在 Revit 中，管道属于系统族。可以为管道创建不同的类型，以便于区别各管道不同材质，并在类型属性中定义管道与管道连接时的弯头、三通等采用的连接件方式等信息。绘制管道前，需要对管道的类型进行设置，以便对不同类型的管道进行管理。根据设计说明，本项目中，管道使用 PE 管道，采用螺纹方式进行连接。

4.4.1 管道配置

本项目的项目样板能够满足建模要求，不需要读者进行管道的设置，但是管道的基础设置是个非常重要的操作，接下来先介绍管道的基础配置操作步骤。

1）接上节练习，或打开"随书文件第 4 章 \ 4.6.1.rvt"项目文件，切换至 3F/9.900 楼层平面视图。单击"系统"选项卡"卫浴和管道"面板中"管道"按钮，进入管道绘制模式，自动切换至"修改 | 放置管道"上下文选项卡。如图 4-29 所示，单击"属性"面板中"编辑类型"按钮，弹出"类型属性"对话框。

2）如图 4-30 所示，在"类型属性"对话框中，确认当前族类型为"无缝钢管—焊接"，单击"复制"按钮弹出"名称"对话框，输入新管道类型名称为"PE—螺纹连接"，点击"确定"按钮返回"类型属性"对话框。

图 4-29

图 4-30

3）如图 4-31 所示，单击"类型属性"对话框中的"布管系统配置"后的"编辑"按钮，弹出"布管系统配置"对话框。

4）如图 4-32 所示，在"布管系统配置"对话框中，设置"管段"参数组中管道的类型为"PE 63-GB/T 13663-0.6MPa"，Revit 会自动更新该系列管道的"最小尺寸"为 20mm，"最大尺寸"为 400mm，即该系列的管线公称直径范围为 20~400mm。

5）可以继续为该类型的管道指定弯头、连接、四通等连接时采用的管道接头族，在本操作中弯头、三通、四通、过度件均将采用"螺纹—钢塑复合—标准"，如图 4-33 所示。完成后单击"确定"按钮返回"类型属性"对话框。

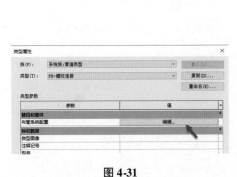

图 4-31

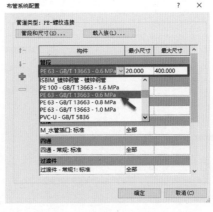

图 4-32

图 4-33

在该对话框中，还可以通过单击左侧添加或删除按钮，用于指定在不同的管径范围内采用的弯头族的形式。

例如，对于镀锌钢管，在管径小于 DN80 时一般采用螺纹连接，但管径大于 DN80 时，一般采用预制沟槽卡箍连接、法兰连接等其他连接方式进行连接。在这种情况下，可以利用添加行工具，为每种连接方式添加并指定新的连接件族，并设定使用该族进行连接的管径范围。

6）如图 4-34 所示，单击"布置系统配置"对话框中"管段和尺寸"按钮，打开"机械设置"对话框，并自动切换至"管段和尺寸"类别设置。在该对话框中可以分别添加管道的"管段"材料、压力标准，并在该管段类别中根据需要创建和修改管道的公称直径、内径、外径等尺寸信息。所有管段的尺寸信息，应根据管道的实际标准和规范添加和修改。

7）点击"取消"不保存该修改，退出当前对话框，完成本操作。

图 4-34

（●）提 示

> 管件属于可载入族，如果在管件列表中没有项目要求管件连接方式，可使用"布管系统配置"对话框中的"载入族"按钮将管件载入到项目中并进行配置，读者可自行尝试。

在新建管段中，可根据已有的管材进行复制尺寸，读者可自行尝试，在此不在赘述。管道配置是绘制机电专业的基础，不同的管道系统、不同的连接方式都需要进行配置，以保证在建模时绘制正确的管线。

4.4.2 绘制给水管道

首先，绘制样例项目中的给水干管，主给水干管的直径是 DN100。

1）切换至 3F/9.900 楼层平面视图。确认不选择任何图元，"属性"面板中将显示当前视图的属性。如图 4-35 所示，单击"属性"面板中"视图样板"参数"无"按钮，打开"应用视图样板"对话框。在"应用视图样板"对话框中，设置视图样板为"PD"。完成后单击"确定"按钮退出"应用视图样板"对话框。

（●）提 示

> 本项目的项目样板已经设置好视图范围，过滤器，可见性设置，无需读者再对其进行设置。

2）单击"系统"选项卡"卫浴和管道"面板中"管道"按钮，进入管道绘制模式。在"属性"面板类型选择器中，设置当前管道类型为"室内_钢塑复合管_给水"。设置管道"系统类型"为"01P 生活给水管"，如图 4-36 所示。

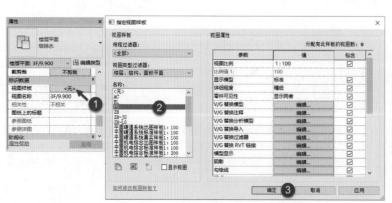

图 4-35   图 4-36

管道系统类型主要用于管道的分类过滤器的设置，方便视图管理。本书在提供的视图样板中已经预设了系统类型和过滤器等内容，无需读者进行单独设置。

3）如图 4-37 所示，确认激活"放置工具"面板中"自动连接"选项；激活"带坡度管道"面板中"禁用坡度"选项，即绘制不带坡度的管道图元，其他参数参照图中所示。

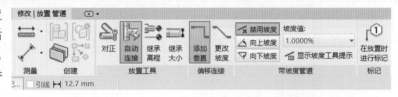

图 4-37

4）如图 4-38 所示，修改选项栏"直径"列表中管道直径为 100mm；设置"偏移量"值为 2700mm，即将要绘制的管线与当前楼层标高的距离为 2700mm。

图 4-38

5）适当放大 1-5&1-E 水井位置，沿着 JL3-1 立管的位置开始点击鼠标，沿着路由进行绘制，在拐点处进行第二次点击，继续沿着走廊逆时针绘制直线，在拐点处点击第三点，继续绘制，直到完成整个走廊的给水主管的绘制，按键盘 ESC 两次退出水平管线的绘制，如图 4-39 所示。

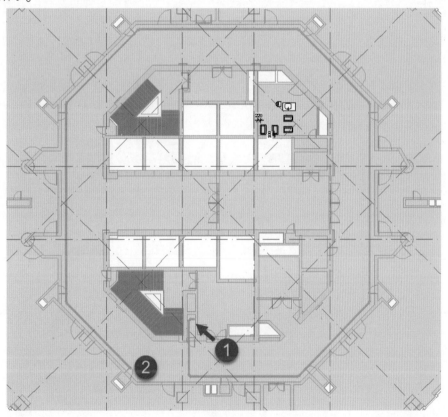

图 4-39

6）适当放大 JL3-10 立管水井位置，接下来绘制与主管连接的 DN50 的水平支管。单击"系统"上下文选项卡"卫浴和管道"面板中"管道"工具，确认勾选上自动连接，带坡度管道为"禁用坡度"，选项栏中水管的管径 DN50，设置偏移量为 2700mm，如图 4-40 所示。

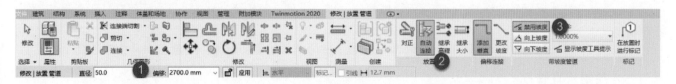

图 4-40

7）当管中心线进行高亮显示时，点击主管管中心线第一点，进管井之后点击第二点完成该段支管的绘制。可以看到管线可以自动生成三通，如图4-41所示。

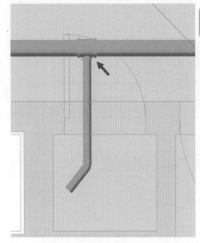

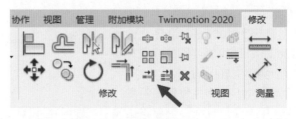

提示

如果两根管线不是垂直，可能造成管线无法自动连接，出现这种情况需要进行手动连接。如图4-42所示，单击修改面板中"修剪/延伸单个图元"，先单击主管作为延伸目标再单击支管，Revit将自动进行管道连接。

图 4-41   图 4-42

8）继续绘制管井的其他支管，并配合"修剪/延伸单个图元"完成所有支管的绘制，如图4-43所示。

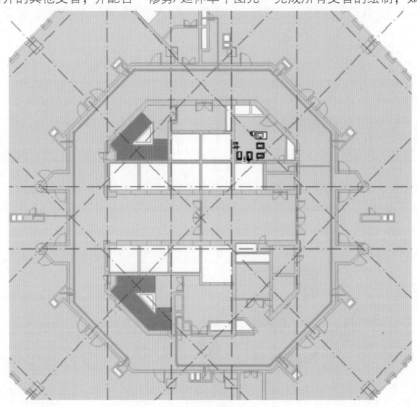

图 4-43

提示

除使用"修剪/延伸单个图元"外，还可以使用"修剪/延伸为角"工具用于修剪成一个角。"修剪/延伸为角"的快捷键为"TR"。

9）至此完成水平管线的绘制，保存项目，或打开"随书文件\第4章\4-4-2.rvt"项目文件查看最终操作结果。

在进行管线过渡的时候，如DN100到DN50的时候，由于管线的最初配置，Revit会自动生成过渡件。

4.4.3　绘制垂直管

绘制完成水平给水主干管后，可以继续绘制垂直立管。通常是在绘制横管时，通过更改横管的标高，绘制时 Revit 会自动地生成立管。为方便读者操作，这一节采用双视图并列显示的方式来说明绘制管线的一般过程。

1）接上节练习，切换至 3F/9.900 楼层平面视图。单击"视图"选项卡"窗口"面板中"关闭隐藏对象"工具，关闭除当前视图外所有已打开视图窗口。单击快速访问栏中"默认三维视图"按钮，将视图调节至默认三维视图。

2）适当放大 JL3-10 立管水井位置，此水井立管是从主管向下延伸的立管。单击水井的水平支管，选中的水平支管端点处点击鼠标右键，在弹出的右键对话框中，选择"绘制管道"，如图 4-44 所示，可发现管道可继续绘制支管，并继承了原支管的高程值和大小。

3）如图 4-45 所示，修改管道选项栏中的偏移量为"0"，点击"应用"，可发现在该位置生成 DN50 的立管。

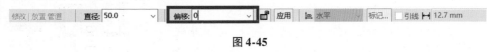

图 4-44

图 4-45

4）继续沿着逆时针绘制立管，完成后如图 4-46 所示。

5）在本项目中，JL-3 是主要送水管，起到向上层送水的重要作用。单击"系统"上下文选项卡"卫浴和管道"面板中"管道"工具，确定勾选"自动连接"，带坡度管道设置为"禁用坡度"，确认选项栏中直径为"100"，偏移量设置为"0"，在 JL-3 的立管位置单击第一下，再次修改偏移量为"3600"，在 JL-3 的立管位置单击第二下，完成通过整层的立管，如图 4-47 所示。

6）要想连接立管和横管，首先判断立管和横管的管中心线是否对齐。如图 4-48 所示，单击"修改"面板中"对齐"工具，单击水平管，再单击立管管道中心线，使横管和立管管道中心线处于一条直线上。

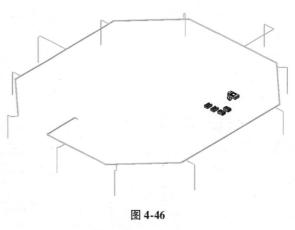

图 4-46

图 4-47

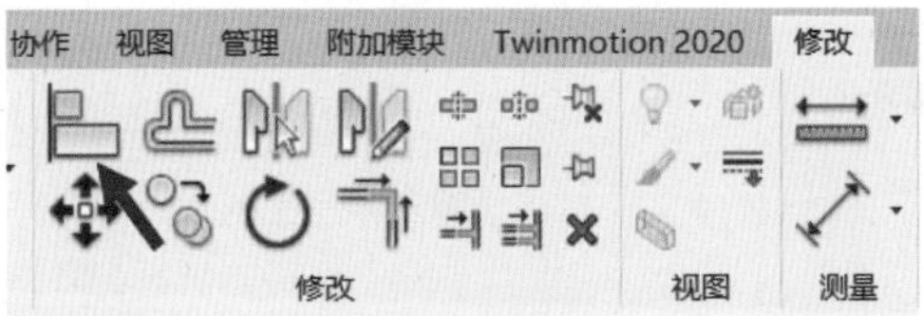

图 4-48

7）切换至三维视图，单击"修改"面板中的"修剪/延伸单个图元"，单击立管，再单击水平管，可以看到立管与水平管进行连接，如图 4-49 所示。

8）至此完成立管的绘制，保存项目，或打开"练习文件\第4章\4-4-3.rvt"项目查看最终结果。

提示

如果在绘制过程中想把弯头变成三通，可以通过点击弯头，点击"＋"将弯头变成三通，同理可以通过点击"－"将三通变成弯头，以便不同管件的变换，如图 4-50 所示。

图 4-49

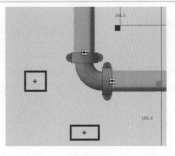

图 4-50

4.4.4 绘制卫生间给水

卫生间的给水排水通常是在卫生间大样图中进行体现，在本项目案例中，将其详图画在项目中，以方便读者进行理解。

1）接上节练习，适当放大卫生间位置，选择"系统"上下文选项卡"卫浴和管道"面板中单击"管道"工具，确认勾选"自动连接"，设置"带坡度管道"为"禁用坡度"，在选项栏中确认管道直径为 DN40，设置偏移量"450mm"，在 JL-3-14 立管位置绘制管线点击第一点，绘制到水表后的水平管线偏移量更改为"3400mm"，点击继续绘制水平支管，如图 4-51 所示。

2）如图 4-52 所示，在弯头位置点击"+"，将弯头变成三通，点中三通后单击鼠标右键，在弹出的右键对话框中选择绘制管道，继续向左绘制，完成男厕两个蹲便器的给水支管的绘制。

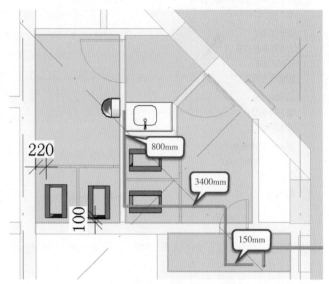

图 4-51

3）接下来绘制连接卫生器具和支管的连接。选中男厕左侧蹲便器，点击进水口箭头所指位置，如图 4-53 所示。可看到 Revit 自动生成水管，点击与支管管中心线，可看到进水口与支管可以直接进行连接。

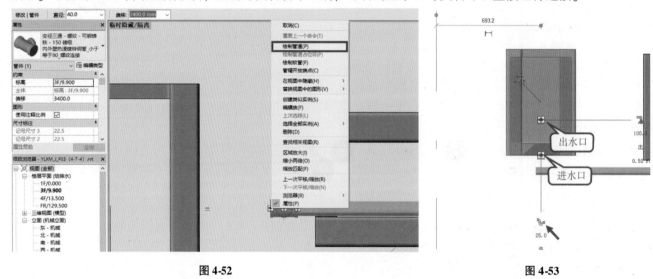

图 4-52   **图 4-53**

4）完成后可看到 Revit 将自动生成立管，如图 4-54 所示。

5）继续绘制其他卫生器具，如图 4-55 所示，点击卫生器具，在"修改 | 卫浴装置"上下文选项卡中选择"连接到"，会弹出"选择连接件"对话框。

图 4-54   **图 4-55**

6）如图 4-56 所示，在弹出的"选择连接件"对话框中，可看到 Revit 会提供针对该卫生器具的不同连接口。选择"连接件 2：家用冷水：圆形：25：进"，即选择进水口，单击确定，单击需要连接到的支管，可看到 Revit 将自动生成管道与所选择的管道进行连接。

7）继续对卫生间的其他卫生器具进行管道的绘制，完成后如图 4-57 所示。

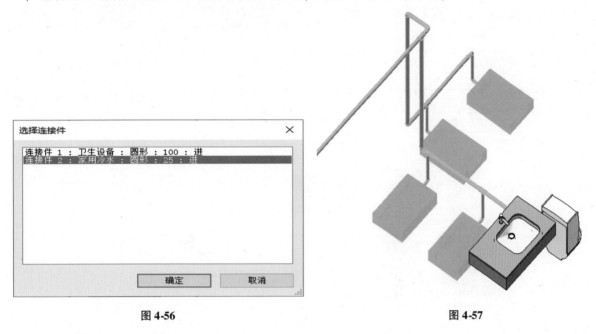

图 4-56   图 4-57

8）至此完成卫生间的支管连接，保存该项目文件，或打开"随书文件 \ 第 4 章 \ 4-4-4. rvt"进行查看。

4.4.5　绘制排水主干管

在排水系统中，污水的流动是靠重力提供动力，因此排水横管必须有一定的坡度。绘制前需要进行坡度值设置。

1）接上节练习。切换至 3F/9. 900 平面视图。使用管道工具，如图 4-58 所示，单击"修改 | 放置 管道"选项卡"带坡度管道"面板中"向上坡度"或"向下坡度"，在"坡度值"列表中可根据需要选择需要的坡度。本操作中，需要设置管道的坡度为 3%，但列表中并未出现该坡度。

> **🔊 提 示**
>
> 坡度列表中可用坡度值由项目样板中预设。

2）如图 4-59 所示，单击"系统"选项卡"机械"面板名称旁的右下箭头，打开"机械设置"对话框，切换至"坡度"选项，单击"新建坡度"按钮，在弹出"新建坡度"对话框中输入"3"，单击"确定"按钮即可添加新的坡度值。完成后再次单击"确定"按钮退出"机械设置"对话框。

图 4-58

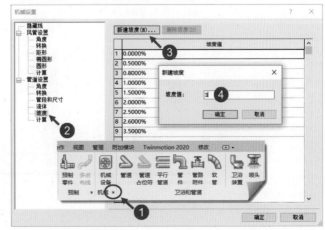

图 4-59

3）适当放大卫生间位置，确认仍处于管道绘制状态。在"属性"面板类型选择器中，选择当前管道类型为"PVC-U-排水"，设置"系统类型"为"15P 污水管"。如图 4-60 所示，设置选项栏管道直径为 DN150，偏移量为 -500mm；设置"带坡度管道"面板中坡度生成方式为"向下坡度"，设置"坡度值"为 3%。

图 4-60

4）如图 4-61 所示，沿着男卫左端第一个蹲便器水平方向绘制排水管线。Revit 会自动生成带坡度的横管，并在两端点位置显示管道的标高。

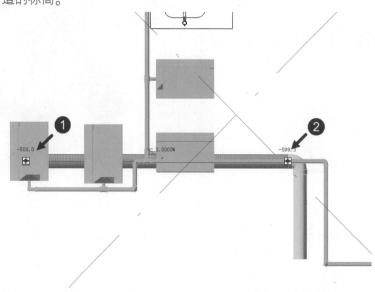

图 4-61

5）接下来绘制纵向的排水主管，如图 4-62 所示，设置选项栏管道直径为 DN150，偏移量为 -500mm；设置"带坡度管道"面板中坡度生成方式为"向上坡度"，设置"坡度值"为 3%，确认激活继承高程。

图 4-62

6）如图 4-63 所示，捕捉至主管交叉点向上绘制，Revit 会自动生成三通，并生成坡度向上的排水管线。

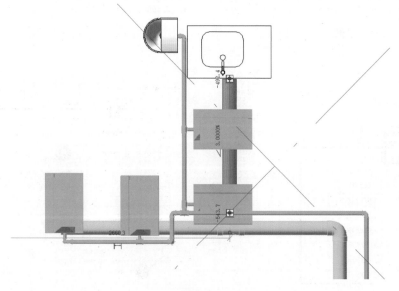

图 4-63

🔊 提示

带坡度的管道绘制完成后，如果需要调整管道的坡度值，需要选中管道，在管道中央会显示该管道的坡度值临时尺寸标注。单击该坡度值，坡度值变为可编辑状态，如输入需要坡度 2%，回车确认即可，如图 4-64 所示。

7）继续绘制，设置选项栏管道直径为 DN150，偏移量为 −800mm；设置"带坡度管道"面板中为"禁用坡度"，在立管位置点击第一点，然后修改偏移量为 3600mm，点击"应用"，完成后如图 4-65 所示。

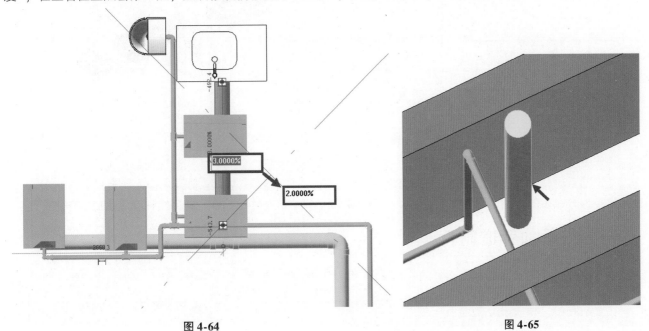

图 4-64　　　　　　　　　　　　　　　　　　　　　　　　图 4-65

8）使用"修改"上下文选项卡"修改"面板中"对齐"工具，点击水平排水管，再点击排水立管，使立管与水平管处于同一管中心线，如图 4-66 所示。使用"修改"面板中"修剪 l 延伸单个图元"将管线进行连接。

9）至此，完成排水主管道的绘制。保存该项目文件，或打开"随书文件 \ 第 4 章 \ 4-4-5. rvt"项目文件查看最终操作结果。

排水管道的绘制与给水管道的绘制过程非常类似。不同在于可以在绘制管道时生成带有坡度的管道模型。生成带有坡度的管道模型时，请注意管道的绘制方向，以便于生成正确的管道排水。

4.4.6　绘制排水支管

完成排水主干管的绘制，接下来继续进行排水支管的绘制。

1）接上节练习。切换至"3F/9.900"楼层平面。使用管道工具，激活"继承标高"选项，设置坡度选项为"禁用坡度"；设置选项栏管径值为"100mm"；如图 4-67 所示，点击蹲便器，在弹出的

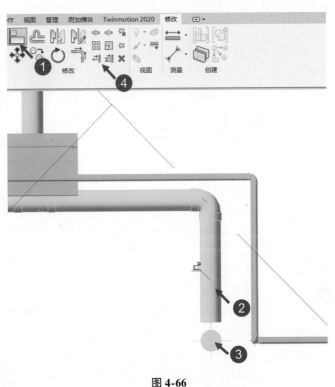

图 4-66

"修改 l 卫浴装置"的上下文选项卡"布局"面板中"连接到"工具，捕捉至蹲便器排水接头中心位置单击结束管道绘制。Revit 将自动生成垂直管线，以及不同管径间的过渡管件。使用同样方法可完成其余连接管道的绘制。

2）使用相同的方法连接小便斗和洗脸盆，完成后如图 4-68 所示。

3）至此完成所有排水管线的绘制。保存该项目文件，或打开"随书文件 \ 第 4 章 \ 4-7-6. rvt"项目文件查

看最终操作结果。

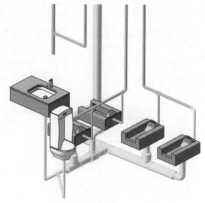

图 4-67   图 4-68

排水支管的创建与主管和其他管线的创建类似，读者可以根据实际的需要创建任意形式的管网。

在该项目中，给水排水还包含了热水管道和通气管道，其绘制方法和绘制给水排水管道的绘制方法类似，在这里不再做过多的介绍，最终模型请参考"随书文件\ 第 4 章\ 4-4-6. rvt"项目文件查看最终操作结果。

4.5 添加管道附件

4.5.1 添加阀门

在水系统中，横管及立管会有控制管道系统的阀门，如蝶阀、截止阀等，这些阀门同样在模型中进行添加，接下来将介绍阀门的添加。

图 4-69

1）接上节练习，切换至 3F/9.900 平面视图。如图 4-69 所示，单击"系统"上下文选项卡"卫浴和管道"面板中"管路附件"，进入管路附件绘制模式。

2）适当放大给水管位置，在临近水井位置需要放置截止阀。在"修改丨放置管道附件"上下文选项卡中点击"载入族"，浏览至"随书文件第 4 章\ 随书文件\ RFA\ 截止阀-J41 型-法兰式 . rfa"，单击"打开"，如图 4-70 所示，弹出"指定类型"对话框，选择"J41H-16-50mm"，单击确定，将族载入到项目中。

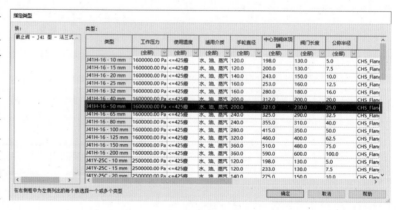

图 4-70

🔊 提示

"指定类型"是因为该族在做族类型的时候预设了多种类型，方便在载入的时候进行选择，并不是所有的族都需要指定类型。

3）确认"属性"面板中选择的族类型是"截止阀-J41 型-法兰式：J41H-16-50mm"，注意此时属性面板中"系统分类"和"系统类型"均为未定义，如图 4-71 所示。

4）如图 4-72 所示，移动鼠标至管前，当捕捉到管道中心线时 Revit 会自动旋转阀门方向，使之与管线平行，单击放置截止阀图元。完成后按 ESC 键两次退出管路附件放置状态。

🔊 提示

如果需要修改阀门的距离，可利用临时尺寸标注进行移动。添加阀门还可以在三维视图中进行，读者可自行尝试。

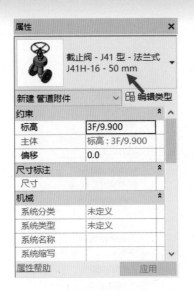

图 4-71

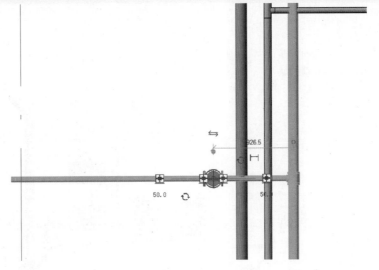

图 4-72

5）选择该阀门图元，单击图元附近放置符号 ↻，可以以管道中心线为轴按 90°旋转阀门。注意"属性"面板中，该阀门会自动继承所在管道的系统分类、系统类型及系统名称的设置，如图 4-73 所示。

6）保存该项目文件。或打开"随书文件\ 第 4 章\ 4-5-1. rvt"项目文件查看最终操作结果。

管路附件会自动继承所连接管道的系统类型属性，这对于管道系统的管理非常有效。

4.5.2 添加存水弯

为防止排水系统中的臭气进入到室内，污染室内空气环境，会在卫生器具后设置存水弯。接下来将为卫生间设备添加存水弯。

1）接上节练习。切换至 3F/9.900 平面视图。如图 4-74 所示，单击"插入"选项卡"从库中载入"面板中"载入族"工具，载入"随书文件\ 第 4 章\ RFA\ S型存水弯-PVC-U-排水. rfa"族文件。

图 4-73

图 4-74

2）如图 4-75 所示，单击"视图"上下文选项卡"创建"面板中"剖面"工具，进入剖面绘制状态，自动切换至"修改 I 剖面"上下文选项卡。

图 4-75

3）如图 4-76 所示，确认"属性"面板中"类型选择器"中当前剖面类型为"综合剖面"，适当放大卫生间位置，沿 1-7 轴右侧男卫蹲便器点击第一点，自左向右开始绘制剖面线，移动到右侧蹲便器位置再次点击鼠标，按键盘 ESC 键两次退出当前工具。

4）选择上一步中绘制的剖面线。单击鼠标右键，弹出右键快捷菜单，如图4-77所示，选择"转到视图"，切换至该剖面视图。

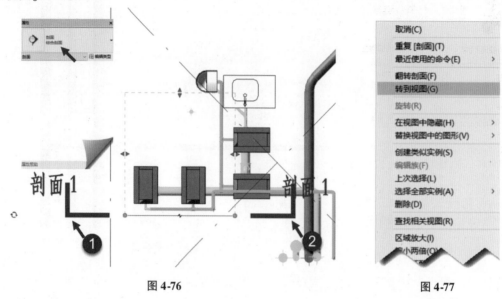

图 4-76   图 4-77

5）切换到"修改"上下文选项卡，使用拆分""工具，如图4-78所示，在蹲便器下方任意位置拆分垂直排水管道，点击两次，使用框选的功能将两段进行删除。

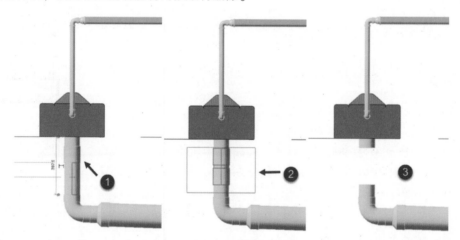

图 4-78

6）单击"系统"选项卡"卫浴和管道"面板中"管件工具"，如图4-79所示，进入管件绘制模式。

图 4-79

🔊 **提示**

管件的快捷键是 PF。

7）确认"属性"面板中族为"S形存水弯-PVC-U-排水标准"。如图4-80所示，当捕捉至上方垂直管道端点位置，单击鼠标左键放置该存水弯管件族。完成后按ESC键退出管件创建模式。

8）选择上一步中放置的存水弯图元。如图4-81所示，修改"属性"面板中"偏移量"为-70mm，Revit将自动修改该存水弯的高度位置；注意Revit已经自动设置该管线的"工程半径"为50mm，"公称直径"为"100mm"。

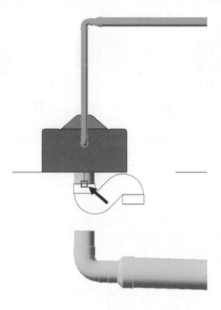

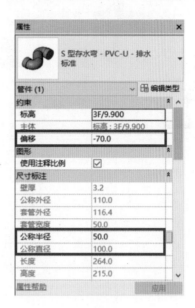

图 4-80   图 4-81

🔊 提示

如果需要旋转存水弯，可单击旋转符号 ↻，直到阀门反转到合适的位置。

9）选择存水弯图元。如图 4-82 所示，右键单击存水弯下方的操作夹点位置，在弹出的右键菜单中选择"绘制管道"选项，进入管道绘制模式。

10）如图 4-83 所示，Revit 将以存水弯该端点位置为起点绘制公称直径相同的管道，沿垂直向下方向绘制任意长度管道。完成后按 ESC 键两次退出管道绘制模式。

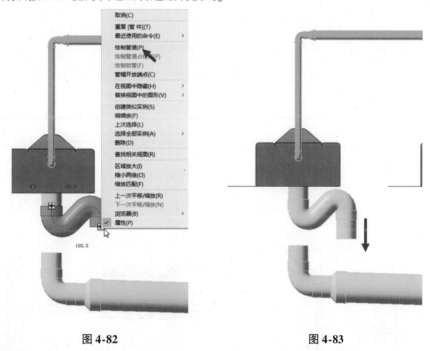

图 4-82   图 4-83

11）使用"修改"选项卡"修改"面板中"对齐"工具。确认不勾选选项栏中的"多重对齐"选项，其他参数默认，如图 4-84 所示，拾取上一步中绘制的管道中心线位置作为对齐目标位置，再拾取下方的管道中心线，使两根管道进行对齐，完成后按键盘 ESC 键两次退出。

12）如图 4-85 所示，选择底部垂直管道。用鼠标左键按住并拖动管道顶部操作夹点修改管道长度，当捕捉垂直管道的端点位置时，松开鼠标左键，Revit 将自动连接两端管道。

13）使用相同的方式，为其他卫生设备添加存水弯。

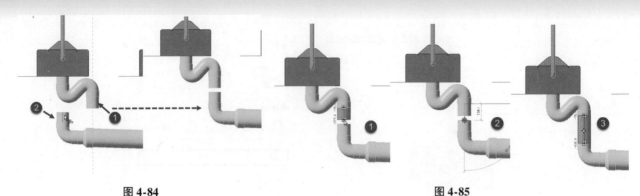

| 图 4-84 | 图 4-85 |

14）保存该项目文件，或打开"随书文件\第4章\4-5-2. rvt"项目文件查看最终操作结果。

添加存水弯时，必须通过手动放置管件的方式进行放置。管件会自动继承所相关联管道的管径，并调整自身管径尺寸。

4.5.3 添加地漏

地漏作为地面与排水系统的重要连接件，在设计过程中非常重要，接下来介绍地漏的绘制方法。

1）接上节练习，切换至 3F/9.900 平面视图，单击"系统"上下文选项卡"卫浴和管道"面板中"管路附件"工具，在属性面板中切换到"地漏"图元，如图 4-86 所示。

2）选择"地漏"图元后，自动进入"修改 | 放置管道附件"的上下文选项卡，如图 4-87 所示，在"放置"面板中选择"放置在工作平面上"，确认选项栏中的放置平面为"3F/9.900"。

3）在卫生间污水管附近点击鼠标，放置地漏，如图 4-88 所示。

4）将地漏与管中心线对齐，使用"管道"工具，确认当前管道类型为"P 污废水管"，修改选项栏管道直径为"100mm"，修改偏移值为"-350mm"，如图 4-89 所示，捕捉地漏中心连接件位置作为管道起

图 4-86

图 4-87

点，水平向下移动鼠标，直到捕捉到立管管道中心线松开鼠标，Revit 将自动连接地漏与立管。使用相同的方式，将其他地漏进行连接。

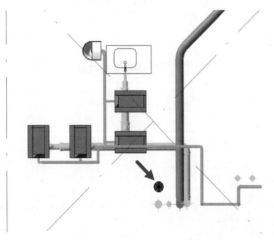

图 4-88

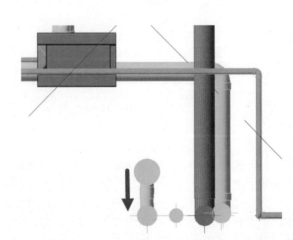

图 4-89

5）保存该项目文件，或打开"随书文件 \ 第 4 章 \ 4-5-3. rvt"项目文件查看最终结果。

管路附件主要包含了阀门、存水弯以及其他管道附件。添加附件的绘制方法都有一些相似之处，并且附件的添加方法与其他系统的附件添加方法都有相似之处，可以灵活应用。至此完成了给水排水专业的所有绘制。

4.6　消防系统

4.6.1　布置消火栓箱

在绘制消防系统时，与创建卫浴装置类似，需要创建消防系统中的机械设备。接下来将学习如何布置消火栓箱。

1）接上节练习。右键单击"3F/9. 900"楼层平面视图，如图 4-90 所示，在弹出的右键框中选择"复制视图—带细节复制"，此时楼层平面视图中多了一个"3F/9. 900 副本 1"平面。

2）右键单击复制后的平面视图，选择"重命名"，在弹出的"重命名视图"对话框中将其命名为"3F/9. 900—消防"，如图 4-91 所示。

3）如图 4-92 所示，双击打开"3F/9. 900—消防"平面视图，修改属性面板中的"楼层平面"为"消防"，可以看到项目浏览器中的楼层平面新增消防类型的平面视图。

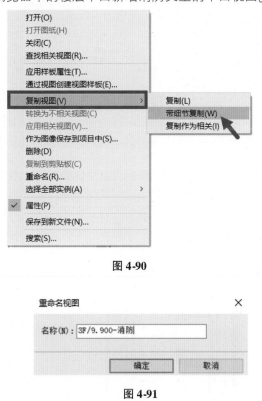

图 4-90

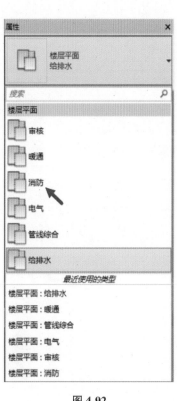

图 4-92

重命名视图

名称(N)：3F/9. 900-消防

确定　　取消

图 4-91

4）切换到"3F/9. 900—消防"楼层平面视图，单击"系统"选项卡"机械"面板中"机械设备"工具，进入"修改 | 放置机械设备"上下文选项卡。

🔊 提 示

"机械设备"的快捷键是"ME"。

5）确认"属性"面板中选择的族类型是"室内消火栓箱_底面进水_800 × 650 × 200_带卷盘"，设置偏移量为 800mm，即消火栓箱距离地面 800mm，点击应用，如图 4-93 所示。

6）将鼠标移动到绘图区，适当放大 1-3 轴右侧楼梯间外墙位置，配合键盘空格键调整箱体方向，直到调整到正确方向单击，放置箱体，如图 4-94 所示。

7）切换到三维视图，使用"视图"上下文选项卡"窗口"面板中"平铺"工具，将三维视图与二维视图进行平铺，如图 4-95 所示。

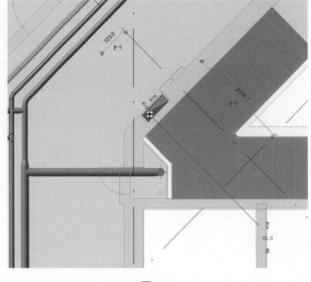

图 4-93   图 4-94

图 4-95

🔊 **提示**

> 平铺的快捷键为"WT"。

8）激活平面视图窗口，选中已经绘制好的消火栓箱，通过比对三维视图，可以看到消火栓箱的门开启方向放反，可通过方向 ↘ 翻转到正确的方向，如图 4-96 所示。

9）重复 4）~8）步骤，将其他位置的消火栓箱进行布置，完成后的结果如图 4-97 所示。

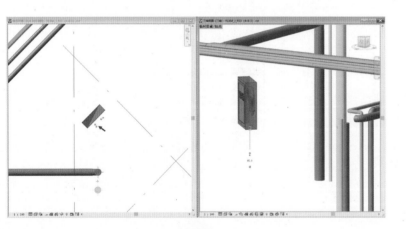

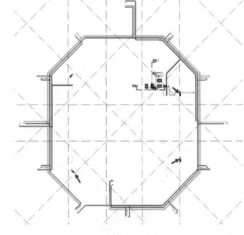

图 4-96   图 4-97

10）保存该项目文件，或打开"随书文件 \ 第 4 章 \ 4-6-1.rvt"项目文件查看最终操作结果。

消火栓箱在布置的时候需要注意其布置的方向，本项目样板自带的消火栓的族可以直接在平面中进行放置，在放置一些倾斜的消火栓箱的时候可借助倾斜的墙体或者参照平面进行放置。这里不再过多赘述，请读者自行尝试。

4.6.2 布置消防管道

布置消防管道与布置给水排水管道类似，需要先配置管道类型，本项目案例中已经配置好了管道可以直接选择进行绘制，关于管道的配置方法可参考本章给水管道的配置。在此不再赘述。

1）选择"系统"上下文选项卡"卫浴和管道"面板中"管道"工具，在属性面板中确认管道类型为"镀锌钢管_消防系统"，并确认属性面板中"机械"参数中"系统类型"为"04P 消火栓给水管"，如图 4-98 所示。

2）适当放大 1-3 轴，在消火栓箱左下角的管井处设置消防立管，如图 4-99 所示，修改选项栏中直径为"100mm"，"偏移"值为"0mm"，点击立管第一点；再次修改选项栏中的"偏移"值为"3600mm"，点击立管第二点；可看到 Revit 自动生成一根立管。

3）使用类似的方法绘制其他位置的管道，完成后如图 4-100 所示。

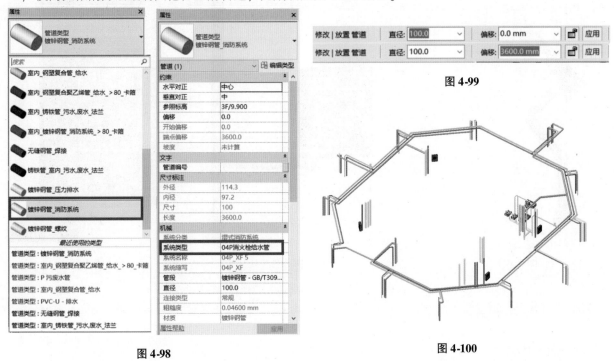

图 4-98

图 4-99

图 4-100

4）保存该项目文件，或打开"随书文件 \ 第 4 章 \ 4-6-2. rvt"项目文件查看最终操作结果。

4.6.3 连接消火栓箱至管网

创建完成主干消防管道后，接下来将进一步创建管道，连接消火栓箱至管网。

1）接上节练习。切换至"3F/9.900_消防"楼层平面视图。在绘图区域选择 1-3 轴的消火栓箱，如图 4-101 所示，当消火栓被选中后，其下端接口处将显示管道连接标记。

2）单击管道接口信息位置，Revit 自动进入"修改 I 放置管道"上下文选项卡，并以所选择的消火栓箱接口位置为起点开始绘制管道。

3）如图 4-102 所示，在"修改 I 放置 管道"上下文选项卡"放置工具"面板中，激活"自动连接""继承高程"和"继承大小"选项，即所创建的管道与消火栓箱中定义的接口大小相同，管道起点标高与接口标高一致。激活后，工具深蓝色显示。

4）如图 4-103 所示，移动鼠标至 1-3 轴消防立管位置，当捕捉到消防立管中心时，点击鼠标，确定管道放置的终点。Revit 将在消火栓箱与所选择立管间生成水平管道，并自动生成相应弯头、三通管件。

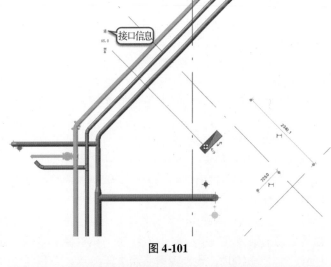

图 4-101

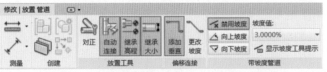

图 4-102

5）切换到三维视图，连接后管线如图 4-104 所示。

6）使用类似的方式，分别完成其他消火栓箱与消防立管的连接。

7）保存该项目文件，或打开"随书文件 \ 第 4 章 \ 4-6-3. rvt"项目文件查看最终操作结果。

在连接消火栓箱与消防立管的时候，一定要记得勾选上"继承高程"和"继承大小"，因为消火栓箱在设置族的时候设置了连接出一段立管，只有勾选"继承高程"后水平管线与消火栓箱连接时才会自动生成立管，如图 4-105 所示。

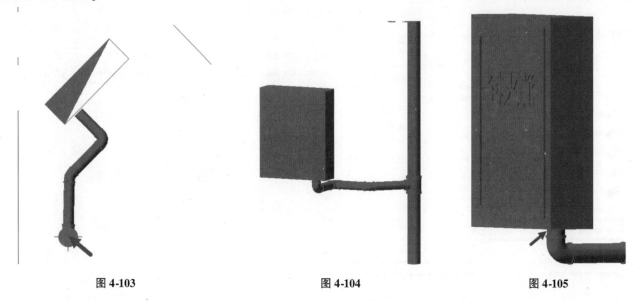

| 图 4-103 | 图 4-104 | 图 4-105 |

4.7 喷淋系统

4.7.1 绘制喷淋管道

在消防专业中，喷淋也非常重要，接下来介绍如何绘制喷淋管道。

1）接上节练习，打开"随书文件 \ 第 4 章 \ 4-9-3. rvt"项目文件，切换至"3F/9.900—消防"平面视图。单击"系统"上下文选项卡"卫浴和管道"面板中"管道"工具，确认"属性"面板中"管道类型"为"镀锌钢管—消防系统"，修改"属性"面板中"机械"参数中的"系统类型"为"04P 自喷灭火给水管"，如图 4-106 所示。

2）绘制喷淋主干管，在选项栏中设置管道直径为"150mm"，设置"偏移"值为"2700mm"，沿着 1-E 轴附近水井位置点击第一点，出管井位置点击第二点，到走廊位置点击第三点，继续向右沿走道逆时针方向点击第四点，沿着走廊到 2-6 轴位置点击第五点，继续绘制，修改管道"直径"为"100mm"，继续向右绘制，向上绘制，当穿过支管后修改管道"直径"为"80mm"，如图 4-107 所示。

3）如图 4-108 所示，点中弯头，出现左侧加号，Revit 自动生成三通，选择"管道"工具，确定选项栏中"直径"为"DN150"，偏移为"2700mm"，在管件出现管件夹点的时候点击鼠标。

图 4-106

4）沿着走廊向左进行绘制，在走廊尽头点击第二点，继续向左上走廊绘制，在走廊尽头点击第三点，继续向上方绘制，在电梯间左侧点击第四点，修改选项栏中"直径"为"DN100"，到走廊尽头点击第五点，继续绘制直到完成所有主管，如图 4-109 所示。

5）补充其他位置的主管，绘制结果如图 4-110 所示。

6）接下来绘制喷淋支管。如图 4-111 所示，绘制电梯间的喷淋支管，选择"系统"上下文选项卡"卫浴和管道"面板中"管道"工具，设置选项栏中的直径为"DN25"，确认"偏移"值为"2700mm"，垂直电梯间方向开始绘制，经过主管时，Revit 会自动生成四通连接。

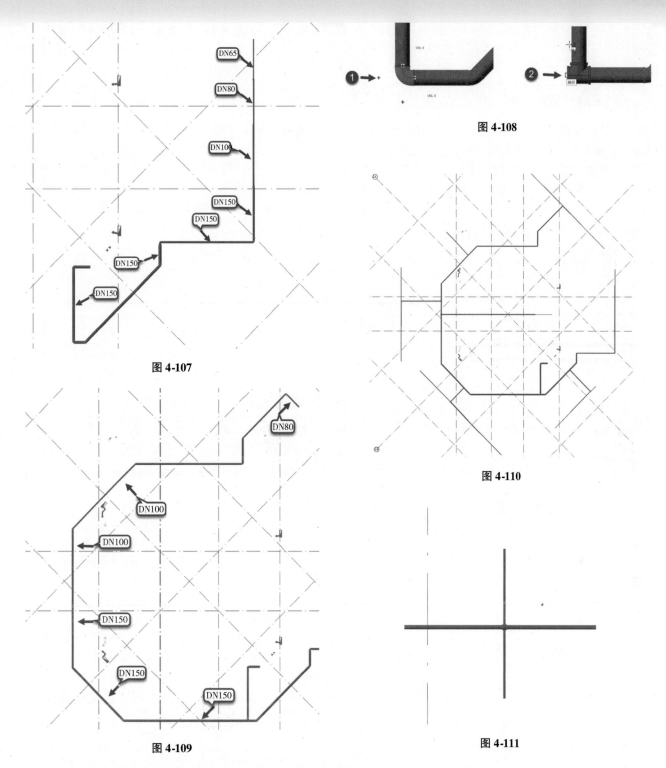

图 4-108

图 4-107

图 4-110

图 4-109

图 4-111

7）继续绘制其他支管，直到所有的支管全部绘制完成。

8）保存该项目文件，或打开"随书文件 \ 第 4 章 \ 4-6-3. rvt"项目文件查看最终结果。

由于喷淋支管的样式基本相近，可选择一样或者相似的整体管段进行批量复制；另外，市面上有很多快速建模的插件，可快速建喷淋等管线多的模型，有兴趣的读者可自行尝试。

4.7.2 喷头的设置

在绘制喷淋的时候，需要在末端绘制喷头，接下来介绍如何绘制喷头。

1）接上节练习，打开"随书文件 \ 第 4 章 \ 4-7-1. rvt"项目文件。如图 4-112

图 4-112

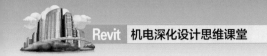

所示，点击"系统"上下文选项卡"卫浴和管道"面板中"喷头"工具，进入"修改 | 放置喷头"上下文选项卡。

🔊 提 示

喷头的快捷键是"SK"。

2）如图 4-113 所示，在"属性"面板中选择"喷头—下垂型 20mm"，修改"偏移"值为"2500mm"，适当放大电梯间位置，在喷淋管道末端点击放置喷头。

3）继续放置喷头，直到放完整个电梯间，如图 4-114 所示。

4）接下来连接喷头与喷淋末端支管。如图 4-115 所示，点中喷头，在弹出的"修改 | 喷头"上下文选项卡"布局"面板中选择"连接到"，选择喷淋管末端，Revit 会以 DN20 的立管自动连接喷头和喷淋管末端。

图 4-113

图 4-114

图 4-115

5）继续绘制，直到所有喷头与喷淋管道全部连接完毕。结果如图 4-116 所示。

6）至此完成喷头的所有绘制，保存项目文件，或打开"随书文件 \ 第 4 章 \ 4-7-2. rvt"项目文件查看最终操作结果。

喷头可以与管道一起绘制并将部分管道进行批量复制以达到快速复制的结果。

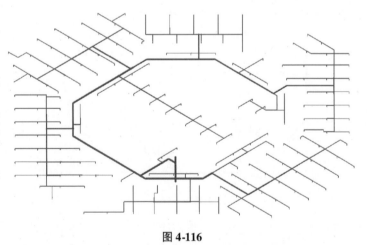

图 4-116

4.8 本章小结

给水排水专业在绘制前均需要进行管道配置，配置完成的管道才可以进行正确的管线连接，在本项目案例中，因为采用了项目样板，所以管道和样板中的过滤器均已经设置好，读者可直接使用本项目样板进行项目制作。关于过滤器的设置，将在后面章节进行讲解，在此不再赘述。

第5章 创建暖通专业模型

暖通专业是机电专业的一个分类，在 BIM 中机电专业称为 MEP（Mechanical、Electrical、Plumbing），其中 M 是指暖通专业。暖通包括采暖、通风、空气调节三个方面，缩写 HVAC（Heating, Ventilating and Air Conditioning），称为暖通空调。暖通空调是为创造适宜的生活或工作条件，用人工方式将室内空气质量、温湿度或洁净度等保持在一定状态的专业技术，以满足卫生标准和生产工艺的要求。

其本科学科名称为"建筑环境与能源应用工程"，该专业培养从事建筑环境控制、建筑节能和建筑设施智能技术领域工作，具有空调、供热、通风、建筑给水排水、燃气供应等公共设施系统、建筑热能供应系统和建筑节能的设计、施工、调试、运行管理能力和建筑自动化系统方案制订能力的高级工程技术人才和管理人才。

5.1 暖通专业基础

5.1.1 暖通专业划分

建筑暖通空调系统主要包括以下系统：采暖系统、通风系统、建筑防烟排烟系统、空气调节系统。

1. 采暖系统

采暖也称为供暖，通过对建筑物及防寒取暖装置的设计，使建筑物内获得适当的温度。根据采暖系统散热方式不同，主要的采暖方式有散热器采暖、地暖采暖、电热膜辐射采暖、个人单户采暖。

2. 通风系统

通风系统主要是为保持室内空气环境满足卫生标准和生产工艺的要求，把室内被污染的空气直接或经净化后排至室外，同时将室外新鲜空气或经净化后的空气补充进来。常见通风系统包括自然通风、机械送风、机械排风。

3. 建筑防烟排烟系统

建筑防烟排烟系统用于控制建筑物火灾时烟气的流动，为人们的安全疏散和消防扑救创造有利条件。分为防烟系统和排烟系统。防烟系统是采用机械加压送风方式或自然通风方式，防止烟气进入疏散通道的系统；排烟系统是采用机械排烟方式或自然通风方式，将烟气排至建筑物外的系统。

4. 空气调节系统

空气调节系统是对房间或空间内的温度、湿度、洁净度和空气流动速度进行调节的建筑环境控制系统，系统由冷热源设备、冷热介质输配系统、空调末端设备及自动控制系统组成。

5.1.2 暖通专业识图

暖通专业图纸主要包括图纸目录、设计施工说明、图例、设备材料表、平面图、系统图及大样图等。常见的图幅及比例可参考表 5-1。

表 5-1

图纸名称	图幅	比例
图纸目录	A1	
设计施工说明、图例	A1	
设备材料表	A1	
平面图	A0、A1	1:100
系统图	A1	1:100
大样图	A1	1:100

图纸主要内容见表 5-2。

表 5-2

编号	图纸名称	图纸主要内容
1	图纸目录	包含暖通专业所有图纸的名称、图号、版次、规格，方便查询及抽调图纸
2	设计施工说明	包括暖通设计施工依据、工程概况、设计内容和范围、室内外设计参数、各系统管道及保温层的材料、系统工作压力及施工安装要求等
3	图例	反映暖通专业各种构件在图纸中的表达形式
4	设备材料表	包括此工程中暖通专业各个设备的名称、性能参数、数量等情况
5	平面图	展示建筑各层的暖通设备及功能管道的平面布置
6	系统图	表达整个系统的逻辑组成及各层平面图之间的上下关系，一般可表达平面图不能清楚表达的部分
7	大样图	平面图、系统图中局部构造因比例限制难以表达清楚时所给出的详图

图例如图 5-1 所示，介绍了暖通图纸中各部分的名称与图纸显示对比。

图 5-1

设备表如图 5-2 所示，在设备表中需列出设备名称、设备型号、规格、设备数量及设备参数。

序号 SERIAL No	名称 TITLE	型号及规格 TYPE & SPECIFICATIONS	单位 UNIT	数量 AMOUNT	附注 NOTE
1	离心式冷水机组	冷量:2813kW(800USRT)	台	2	制冷工况
		输入功率:475kW			冷水温度:12℃/7℃
		冷水流量:482.45m³/h			冷却水温度:32℃/37℃
		冷水压降:83kPa			带减振垫及控制柜
		冷却水流量:570.1m³/h			冷凝器侧最高承压:2.0MPa
		冷却水压降:111kPa			蒸发器侧最高承压:1.0MPa
		噪声:82dB(A)			COP=5.92 W/W
		运行重量:11848kg			380V 供电
		尺寸:4324×2108×2678(h)			
		冷媒:R134a			

图 5-2

5.2 机电深化暖通模型要求

5.2.1 项目概况

本项目中暖通专业所含系统包括空调新风系统、空调送风系统、空调冷水供水系统、空调冷水回水系统、空调冷凝水系统、消防排烟系统、排风系统、加压送风系统及消防补风系统。

空调、通风工程施工图设计总说明对该项目的暖通专业有系统的介绍，其内容包括：

1）工程概况、设计范围及主要依据。

2）主要设计参数。

3）空调设计。

4）通风设计。

5）消防设计。

6）空调通风系统自动控制要求。

7）冷（热）计量设计。

8）建筑节能设计。

9）防腐、保温。

10）环保设计。

11）抗震设计。

12）其他。

空调采用全年舒适性中央空调系统，使用独立冷源，冷源为螺杆式水冷冷水机组，末端由二次机电设计，因此在空调专业，模型不表现末端。

公共卫生间设有竖向排风系统，各层设管道式排风机及排风百叶，总风机设在避难层或塔楼屋顶。

5.2.2 暖通模型创建深度

项目在不同的使用阶段对 BIM 模型的要求也不一致，在机电深化中，对暖通模型的建模精度要求见表 5-3。

表 5-3

暖通系统	类型	建模精度要求
暖通风系统	风管	绘制主风管，按照系统添加不同的颜色
	风管管件	绘制主风管上的风管管件
	阀门	尺寸、形状、位置、添加连接件
	风道末端	示意，无尺寸与标高要求
	机械设备	尺寸、形状、位置
暖通水系统	水管	绘制主管道，按照系统添加不同的颜色
	水管管件	绘制主管道上的水管管件
	阀门	尺寸、形状、位置、添加连接件
	仪表	尺寸、形状、位置、添加连接件
	设备	尺寸、形状、位置

5.3 暖通专业绘制准备

5.3.1 项目样板

样板文件是创建标准化项目的基础内容。标准样板文件建立包括样板文件分类、创建视图样板、设置项目浏览器结构、设置图纸出图视图等。

样板文件的设置应根据不同专业模型和设计的应用特点，分类创建工作视图，将各项基础设置固化保存成视图样板，并预先添加常用的构件元素、图例、明细表、图纸目录等，形成各类样板文件。

可以通过"管理"选项卡对样板参数进行设置，主要包括项目地理位置及高程、项目单位、文字及尺寸标记样式、视图样板、项目视图浏览器组织设置等内容。

视图有多种属性，比如视图比例、规程、详细程度和可见性设置等，对当前视图属性的修改仅对当前视图起作用，如果要统一修改多个视图或使一类视图保持一致性，应使用"视图样板"功能。视图样板是视图属性的集合，视图比例、规程、详细程度等一系列的视图属性都包含在视图样板中，统一配置和应用"视图样板"，有利于统一项目视图标准、提高设计效率和实现文档标准化。

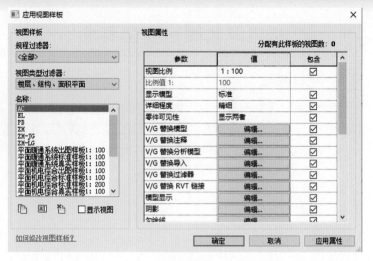

图 5-3

"视图"选项卡下的"视图样板"下拉列表中有三个选项分别为"将样板属性应用于当前视图""从当前视图创建样板""管理视图样板"。本书练习文件中已提供"机电样板"，在机电模型创建过程中主要使用"将样板属性应用于当前视图"命令。视图样板如图 5-3 所示。

5.3.2 暖通模型创建准备

首先需要创建新项目，在项目上创建暖通相关构件，创建前准备如下：

1）启动 Revit，单击"项目"列表中的"新建"按钮，弹出"新建项目"对话框，单击"浏览"按钮选择"随书文件 \ 第 4 章 \ RVT \ 机械样板 .rte"，确认创建类型为"项目"，单击"确定"按钮创建空白项目文件，如图 5-4 所示。

2）本项目样板已针对 F3/9.900 标高创建好了楼层平面视图，如图 5-5 所示。

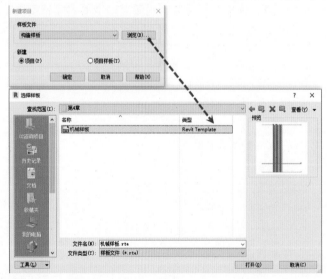

图 5-4

图 5-5

3）单击"插入"选项卡"链接"面板中"链接 Revit"工具，打开"导入/链接 RVT"对话框。在"导入/链接 RVT"对话框中，选择"建筑模型"项目文件，设置底部"定位"方式为"自动—原点到原点"方式，单击"打开"按钮，将建筑模型载入项目文件。

4）切换至"南—机械"视图，该视图中显示了当前项目中项目样板自带的标高以及链接模型文件中的标高。机电样板中所带标高与建筑模型标高一致，不做修改。

5）切换至"M—空调风"平面视图，选择"协作"选项卡"坐标"面板中"复制/监视"工具下拉列表，在列表中选择"选择链接"选项，移动鼠标至链接建筑模型任意位置单击，进入"复制/监视"状态，采用

"复制/监视"命令创建暖通模型轴网，具体步骤参见本书 4.3.3 小节。

6）保存该项目文件，或打开"随书文件 \ 第 5 章 \ 5-3-2. rvt"项目文件查看最终操作结果。

5.4 创建空调风系统

5.4.1 空调新风系统风管

空调风系统包含空调新风系统、空调送风系统及空调回风系统，在本节中以空调新风系统为例向大家介绍具体操作。

1）接上节练习，打开"M—空调风"平面视图，选择"插入"选项卡"导入"面板下的"导入CAD"命令，在"导入 CAD 格式"对话框中选择"空调风管 CAD 平面图"，"文件类型"按默认选择，勾选左下角处"仅当前视图"复选框，"颜色"选择"保留"，"图层/标高"选择"全部"，"导入单位"选择"毫米"，"定位"选择"自动—原点到原点"，如图 5-6 所示。完成后单击"打开"按钮。

图 5-6

2）将 CAD 解锁，然后与模型轴网对齐，点击图纸任意位置，在"属性"面板"绘制图层"中选择"前景"，选择图纸上方"锁定"符号锁定 CAD 图纸，防止在绘制过程中移动图纸。

3）选择"系统"选项卡"HVAC"面板下的"风管"命令，激活"属性"面板及"修改 | 放置风管"选项卡，如图 5-7 所示。

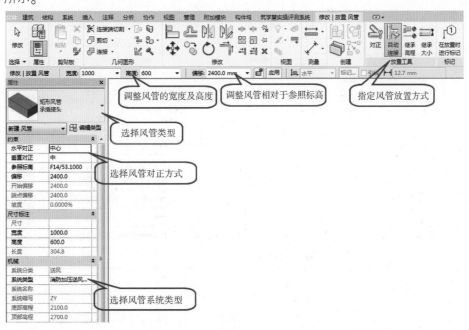

图 5-7

4）在"属性"选项板中选择风管类型为"矩形风管—承插接头"、风管的水平对正为"中心"、垂直对正为"中"、风管的系统类型为"空调新风系统"。

5）在"选项栏"输入风管的宽度为 1000、高度为 300、偏移量为 3000，将鼠标移至图纸新风机房新风管起点处，单击鼠标指定风管起点，按照图纸所示，移动鼠标至终点位置再次单击完成一段风管的绘制，如图 5-8 所示。

6）支管处风管尺寸发生改变，修改选项栏中宽度为 1000，高度及偏移量保持不变，激活"修改 | 放置 风管"对话框"放置工具"面板下的"自动激活"工具，绘制 800 × 300 的风管。风管件自动生成管件，如图 5-9 所示。

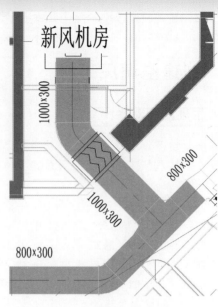

图 5-8   图 5-9

【注】如在宽度及高度的下拉列表中没有所需尺寸，可在"机械设置"中添加所需的风管尺寸，如图 5-10 所示。

7）主管绘制完成后用同样的方法创建新风管支管，支管与主管将按照所选风管类型的配置方法来进行连接，如图 5-11 所示。

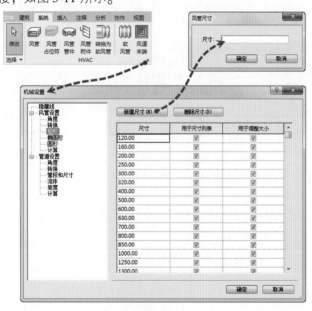

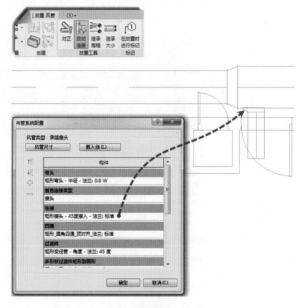

图 5-10   图 5-11

8）新风管创建完成如图 5-12 所示。保存该项目文件，或打开"随书文件 \ 第 5 章 \ 5-4-1. rvt"项目文件查看最终操作结果。

5.4.2 添加空调新风系统风管附件

风管创建完成后继续添加风管附件。在平面视图、立面视图、剖面视图和三维视图中均可放置风管附件。

1）接上节内容，打开"M—空调风"平面视图，选择"系统"选项卡"HVAC"面板下的"风管附件"命令，在"属性"选项板中选择需要放置的风管附件，放置到风管中。也可以在"项目浏览器"中，展开"族"下方的"风管附件"，直接以拖拽的方式将风管附件拖到绘图区域所需位置进行放置，如图 5-13 所示。

2）在空调新风系统中需要添加的风管附件有消声器、70℃电动防火调节阀及止回阀。其中止回阀位于新风机房中，暂时不添加，首先添加消声器及 70℃防火阀。添加效果如图 5-14 所示。

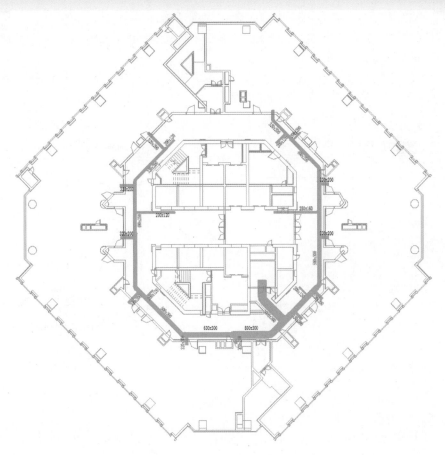

图 5-12

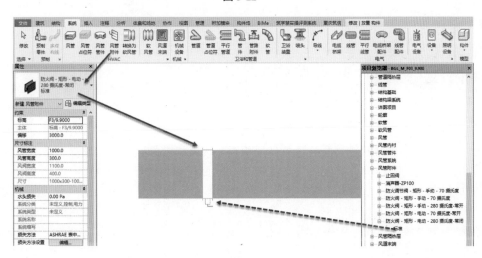

图 5-13

3）保存该项目文件，或打开"随书文件 \ 第 5
章 \ 5-4-2. rvt"项目文件查看最终操作结果。

5.4.3　布置空调新风系统风道末端

风管及风管附件创建完成后，接着来布置风道
末端。在 Revit 中风道末端是指风口，在本项目中办
公室内空调新风管皆为预留，由二次装修深化设计，
在本模型创建中不需要创建办公室部分的风道末端，
只添加走道区域。

1）选择"系统"选项卡"HVAC"面板下的

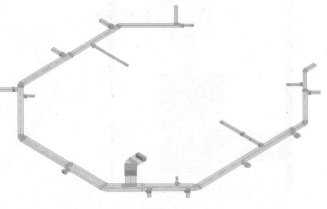

图 5-14

"风道末端"命令,在"属性"选项板中选择需要放置的风道末端。

2)在放置风道末端时,激活"布局"面板下的"风道末端安装到风管上"命令,移动鼠标至风管位置上,则将风道末端直接安装于风管上,如图 5-15 所示。

3)采用相同的方法,将风道末端安装于风管上,完成结果如图 5-16 所示。保存该项目文件,或打开"随书文件\第 5 章\5-4-3. rvt"项目文件查看最终操作结果。

图 5-15

图 5-16

【注】在施工阶段,风道末端安装于顶棚上,因此风道末端与风管间存在高差,可直接在"属性"面板下设置风道末端的偏移量,风道末端与风管间自动生成立管连接,如图 5-17 所示。

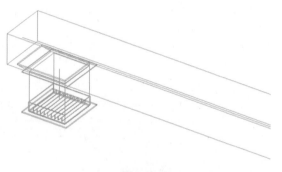

图 5-17

5.4.4 布置空调设备

空调设备在新风机房内表现为新风机组,其作用是抽取室外的新鲜空气经过除尘、除湿(或加湿)、降温(或升温)等处理后通过风机送到室内,在进入室内空间时替换室内原有的空气。

参照 CAD 图中新风机组的位置及设备表中的机组外观尺寸,选择"系统"选项卡"机械"面板下的"机械设备"命令,在"属性"选项板中选择合适的新风机组,设置机组的标高及偏移量,按照 CAD 图纸中的位置放置机组。一般情况下设备下方会有 150mm 的设备基础,因此设置偏移量为 150。

设备添加完成后需按照 5.3.1 小节及 5.3.2 小节所讲内容,补充完整机房内的风管及风管附件,最终机房创建如图 5-18 所示。保存该项目文件,或打开"随书文件\第 5 章\5-4-4. rvt"项目文件查看最终操作结果。

至此完成空调新风系统的创建,结果如图 5-19 所示。

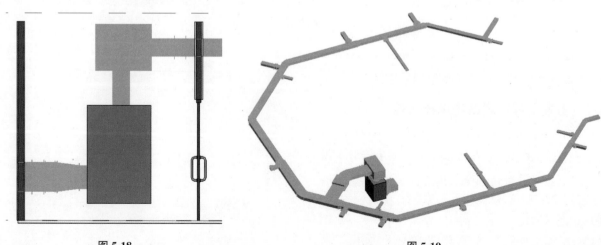

图 5-18

图 5-19

5.5 创建空调水系统

5.5.1 空调冷水供水回水系统

本项目中空调水系统包括空调冷水供水管、空调冷水回水管及空调冷凝水管。空调冷水供水管及空调冷水回水管的创建方法一致,空调冷凝水管不同。首先来创建空调冷水供水管,其创建方法与给水排水专业中的给水管相同。

1) 接上节内容。切换至"M 空调水"楼层平面视图,导入"空调水管 CAD 平面图 . dwg"文件并在当前视图中与轴网对齐并锁定图纸。

2) 选择"系统"选项卡"卫浴与管道"面板下的"管道"命令,激活"属性"面板及"修改丨放置 管道"选项卡,在"属性"选项板中选择管道类型为"M 空调水管"、管道的水平对正为"中心"、垂直对正为"中"、管道的系统类型为"M 空调冷水供水管",如图 5-20 所示。

图 5-20

3) 将鼠标移至图纸空调水管井处,在"选项栏"输入管道的直径为 150、偏移量为 3600,捕捉至空调冷水供水管立管中心处点击鼠标左键,修改选项卡中的偏移量为 0,点击选项卡中的"应用"按钮,完成立管的创建,如图 5-21 所示。

4) 选择上一步创建的管道,在"修改丨管道"选项卡的"修改"面板中,选择"复制"命令,创建管井中的其余空调冷水供水管立管,再分别修改立管的直径为 250 和 200,如图 5-22 所示。

图 5-21

5) 选择"管道"命令,修改选项卡中的直径为 100,偏移量为 2400,捕捉直径为 150 的立管中心为管道起点,开始创建空调冷水供水管主管,在遇到直径变化时直接修改选项栏中的直径值。

6) 选择"管道"命令,修改选项卡中的直径为 40,偏移量为 2600,捕捉主管中心为管道起点,开始创建空调冷水供水管支管,因主管与支管存在高差,因此 Revit 将在主管与支管之间生成一段立管,如图 5-23 所示。

7) 在暖通专业中,空调冷水供水系统管道需要添加保温层,保温层厚度一般可在设计说明中查询。

8) 选择空调冷水供水系统管道,单击"修改丨选择多个"选项卡下"管道隔热层"面板上的"添加隔热层"工具,自动进入"添加管道隔热层"对话框,选择"隔热层类型"为"酚醛泡沫体",设置"厚度"为"32mm",点击"确定"添加管道保温层,如图 5-24 所示。

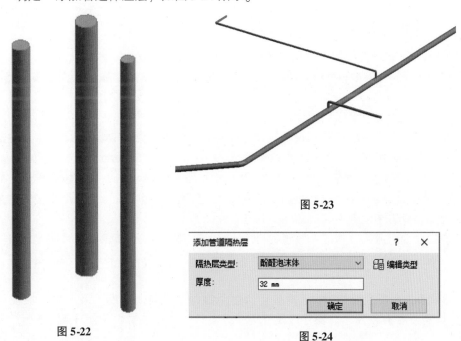

图 5-23

图 5-22

图 5-24

9）选择"系统"选项卡"卫浴与管道"面板下的"管路附件"命令，在"属性"选项板中选择100mm的截止阀，如图5-25所示，在空调冷水供水管主管上添加阀门。

10）办公室内空调系统由二次装修深化设计，所有水管皆为预留，无需与空调设备连接，只在电梯厅中与风机盘管连接。选择"系统"选项卡"机械"面板下的"机械设备"命令，在"属性"选项板中选择风机盘管，设置偏移量为2400，如图5-26所示，在绘图区域相应位置添加风机盘管。

11）点击风机盘管，选择供水管连接件，创建电梯厅风机盘管空调冷水供水管支管，调整偏移量与之前绘制支管连接。至此完成空调冷水供水系统管道的绘制。

12）空调冷水回水系统管道的绘制方法相同，但在回水管主管上方多一平衡阀。保存该项目文件，结果如图5-27所示，或打开"随书文件\第5章\5-5-1.rvt"项目文件查看最终操作结果。

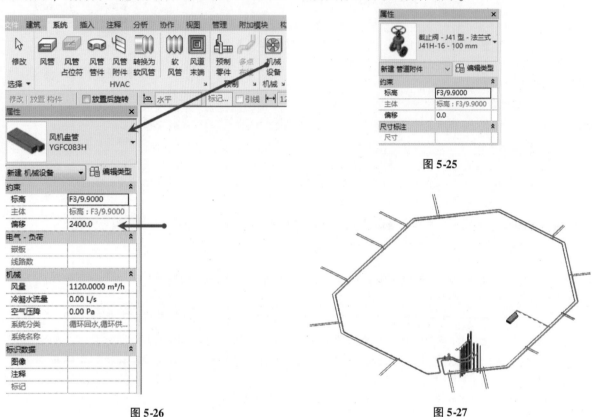

图 5-25

图 5-26

图 5-27

5.5.2 空调冷凝水系统

空调冷凝水管带有坡度，因此绘制时需从末端开始绘制。

1）选择"系统"选项卡"卫浴与管道"面板下的"管道"命令，激活"属性"面板及"修改 | 放置 管道"选项卡，在"属性"选项板中选择管道类型为"M 空调水管"、管道的水平对正为"中心"、垂直对正为"中"、管道的系统类型为"M 空调冷凝水管"。

2）点击"系统"选项卡下方的"机械设置"命令，进入"机械设置"对话框，选择"坡道"选项，点击"新建坡度"命令按钮，新建坡度值0.3，如图5-28所示。

3）点击风机盘管，选择冷凝水管连接件，在"修改 | 放置 管道"选项卡下"带坡度管道"面板下激活"向下坡度"命令，选择坡度值为0.3000%，创建电梯厅风机盘管空调冷凝水管，绘制至冷凝水管最低点处，修改选项卡中的偏移量为0，点击选项卡中的"应用"按钮。

4）选择"管道"命令，激活"修改 | 放置 管道"选项卡下的"继承高程"及"向上坡度"命令，捕捉冷凝水管中心位置，创建办公室冷凝水支管，当冷凝水管直径发生变化时，选择冷凝水管及管件，修改选项栏下的直径值。

5）当冷凝水管坡度方向发生变化时，及时应用"继承高程""向上坡度"及"向下坡度"来创建冷凝水管，冷凝水管绘制结果如图5-29所示。保存该项目文件，或打开"随书文件\第5章\5-5-2.rvt"项目文件查看最终操作结果。

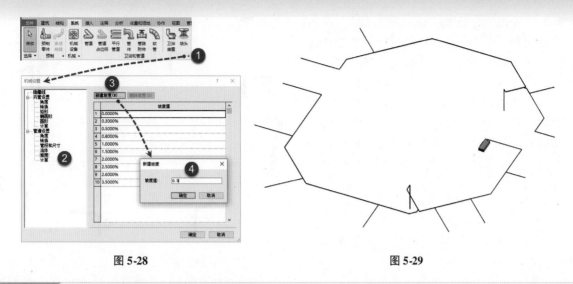

图 5-28   图 5-29

5.6　创建通风防烟排烟系统

5.6.1　卫生间排风管

卫生间排风管中有换气扇，其创建步骤为机械设备、风管、风管附件。

1）选择"系统"选项卡"机械"面板下的"机械设备"命令，选择吊顶式换气扇，在属性面板中输入偏移量为3400，在卫生间的位置放置两个平行的换气扇。

2）点击左侧的换气扇，选择风管连接件，修改风管的宽度为320，高度为160，风管的水平对正为"中心"、垂直对正为"中"，风管系统类型为排风系统，绘制风管至右侧的换气扇处。

3）选择步骤1）和2）所创建的换气扇及风管，点击"复制"命令，将其复制到上方位置。

4）选择风管命令，修改风管高度为250，以排气井处为起点，绘制排风管到换气扇风管中心处，因风管的布管配置，将自动生成四通与三通，修改下方风管高度为160。

5）选择"系统"选项卡"HVAC"面板下的"风管附件"命令，在"属性"选项板中选择70℃防火阀，放置到风井处的风管上。

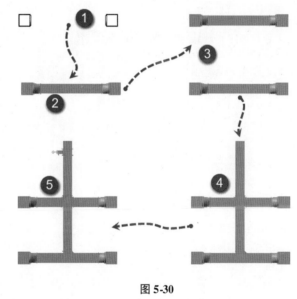

图 5-30

6）至此完成卫生间排风系统的创建，如图 5-30 所示。保存该项目文件，或打开"随书文件 \ 第 5 章 \ 5-6-1. rvt"项目文件查看最终操作结果。

5.6.2　水平转接管

本项目在本层中存在大量的水平转接管，在绘制转接管时需注意转接管的方向，如图 5-31 所示，实线为本层可见，即向上立管，虚线为本层不可见，即向下立管。

1）选择"系统"选项卡"HVAC"面板下的"风管"命令，选择风管类型为"矩形风管—承插接头"、风管的水平对正为"中心"、垂直对正为"中"、风管的系统类型为"排风系统"，设置风管宽度为570，高度为200，偏移量为3600，点击向上风管中心处确认风管位置，修改偏移量为2800，点击

送风管			本图为可见面
			本图为不可见面
新风管			本图为可见面
			本图为不可见面
回风管或排风管			本图为可见面
			本图为不可见面

图 5-31

"应用"按钮，绘制向上风管立管。

2）捕捉风管立管中心开始绘制风管，至终点处修改偏移量为0，点击"应用"按钮，绘制向下风管立管。

3）按照相同的方法绘制其余水平转换管，结果如图 5-32 所示。保存该项目文件，或打开"随书文件\第5章\5-6-2.rvt"项目文件查看最终操作结果。

5.6.3 消防排烟管

消防排烟管的创建步骤一般为：排烟井立管、主管、支管、风管附件及风道末端。此项目中排烟井中没有排烟立管，直接为排烟通道，因此可按照5.3节中的空调新风管创建方法来进行绘制。

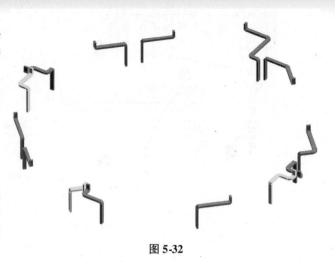

图 5-32

选择风管类型为"矩形风管—承插接头"、风管的水平对正为"中心"、垂直对正为"中"、风管的系统类型为"消防排烟系统"，设置偏移量为3500，绘制消防排烟管。需注意消防排烟管上的阀门为280℃防火阀。消防排烟管绘制结果如图5-33所示。

在本案例中，还有加压送风系统、消防补风兼排风系统，采用本章介绍的方法进行绘制，完成结果如图5-34所示。保存该项目文件，或打开"随书文件\第5章\5-6-3.rvt"项目文件查看最终操作结果。

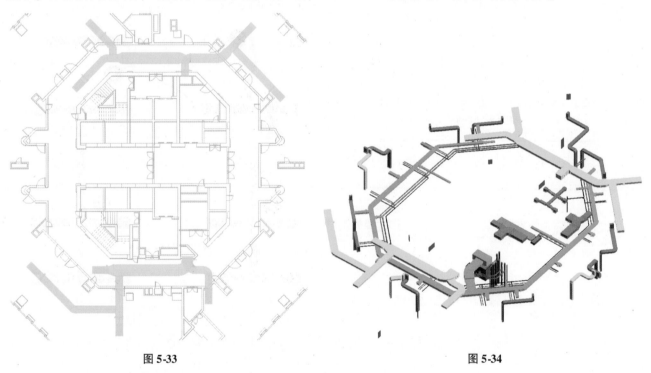

图 5-33 图 5-34

5.7 本章小结

本章给大家介绍了暖通专业的划分、识图及模型创建应用，其中模型创建是以系统为单位来介绍的，除了本章中介绍的外，暖通系统还包括空调送风系统、空调回风系统、排风兼排烟系统、消防补风系统及排油烟系统等，读者在创建模型时需要选用更合适的创建步骤来完成操作。

第6章 创建电气专业模型

电气是机电专业的一个分类，在 BIM 中机电称为 MEP，其中 E 是指电气专业，电气包括强电与弱电两个大类。工程中常用到的桥架往往按系统类型的不同细分为强电金属桥架、弱电金属桥架、消防金属桥架、照明金属桥架等；按桥架的型号还可细分为梯级式电缆桥架、槽式电缆桥架、托盘式电缆桥架等。在工程上常用到的线管往往按材质不同细分为 JGD 金属导管、KBG 金属导管、SC 厚壁钢管、PVC 塑料导管等。

6.1 电气专业基础

6.1.1 电气专业划分

通常情况下，可将建筑电气分为强电和弱电两大类。

一般将动力、照明一类的基于高电压、大电流的输送能量的电力称作强电，包括供电、配电、照明、自动控制与调节，建筑与建筑物防雷保护等；相对强电而言的，将以传输信号，进行信息交换的电称作弱电，它是一个复杂的集成系统工程，包括通信、有线电视、综合布线系统、火灾报警系统、安全防范系统等。

强电弱电系统均是现代建筑不可或缺的电气工程。

6.1.2 电气专业识图

电气图纸主要包括图纸目录、设计施工说明、图例、设备材料表、平面图、系统图及大样图等。常见的图幅及比例可参考表 6-1。

表 6-1

图纸名称	图幅	比例
图纸目录	A1	
设计施工说明、图例	A1	
设备材料表	A1	
平面图	A0、A1	1:100
系统图	A1	1:100
大样图	A1	1:100

图纸主要内容见表 6-2。

表 6-2

编号	图纸名称	图纸主要内容
1	图纸目录	包含电气专业所有图纸的名称、图号、版次、规格，方便查询及抽调图纸
2	设计施工说明	包括电气设计施工依据、工程概况、设计内容和范围、室内外设计参数、各系统管道及保温层的材料、系统工作压力及施工安装要求等
3	图例	反映电气专业各种构件在图纸中的表达形式
4	设备材料表	包括此工程中电气专业各个设备的名称、性能参数、数量等情况
5	平面图	展示建筑各层的电气设备及功能管道的平面布置
6	系统图	表达整个系统的逻辑组成及各层平面图之间的上下关系，一般可表达平面图不能清楚表达的部分
7	大样图	平面图、系统图中局部构造因比例限制难以表达清楚时所给出的详图

图例如图 6-1 所示。

配电箱图例

图例	设备名称	型号规格	安装方式
▬	照明配电箱		除在车库、设备房、配电间明装于墙，底边距地1.5m外，其他场所暗装，底边距地1.8m
⊠	应急照明配电箱		
▭	动力配电箱	详见系统图	根据箱体的高度而定
▢	电废表箱		根据箱体的高度而定
◣	双电源切换箱		根据箱体的高度而定
▭	控制箱		根据箱体的高度而定
EPS	EPS电源箱		应急照明箱旁安装

注：地下室安装于公共区域的应急照明配电箱，箱体内均采用内衬岩棉进行防火保护。

普通灯具图例

图例	设备名称	型号规格	安装方式
◗	吸顶灯	18W 1100lm	吸顶安装
◓	吸顶灯（配感应开关）	18W 1100lm	吸顶安装
◎	筒灯	18W 1100lm	嵌顶安装
✕	普通壁灯	18W 1100lm	距上门框0.1m明装
⊢─⊣	防爆荧光灯（T5）	28W 2600lm	吸顶安装，三防灯具，IP65（设于设备房时吊管安装h=2.5m）
⊢─⊣	单管荧光灯（T5）	28W 2600lm	吸顶安装（设于车库时吊管安装=2.5m，配防护罩）
⊢─┤	单管荧光灯（T5）	28W 2600lm	壁装h=2.4m
┗─┛	单管荧光灯（LED）	28W 2600lm	吸顶安装（设于车库时吊管安装h=2.5m，配防护罩，配感应开关）
⊢─┤	单管荧光灯（LED）	28W 2600lm	壁装h=2.4m（设于人防区时吊管安装，配防护罩，配感应开关）
╠═╣	双管荧光灯（T5）	2X28W 2X2600lm	吸顶安装（设于设备房时吊管安装h=2.5m，配防护罩）
◓	壁灯（节能灯）	18W 1100lm	h=2.4m
⊗	三防灯具（防水、防尘、防爆）节能灯	26W 1650lm	吊管h=2.5m

注：1. 卫生间吸顶灯采用防潮易清洁的灯具（IP54）。
2. 荧光灯具安装于设备房时，均配防护罩（泵房采用防潮型灯具）。
3. 厨房内电气设备由专业公司深化设计，施工后操作台照度不能低于200lx。

开关图例

图例	设备名称	型号规格	安装方式
✐	一位翘板开关	/	h=1.3m
✐	二位翘板开关	/	h=1.3m
✐	三位翘板开关	/	h=1.3m
✐	四位翘板开关	/	h=1.3m
✐	一位双控开关	/	h=1.3m（设于应急照明回路中时带强制点亮功能）
✐	二位双控开关	/	h=1.3m（设于应急照明回路中时带强制点亮功能）
✐	感应延时开关	/	吸顶安装（设于应急照明回路中时带强制点亮功能）

图 6-1

6.2 机电深化电气模型创建

6.2.1 项目概况

在本章中介绍机电深化电气模型的创建，选用图纸为动力平面图、弱电平面图及火灾报警平面图，涵盖了电气系统中的强电系统　　　　　　　　　如图 6-2 所示。

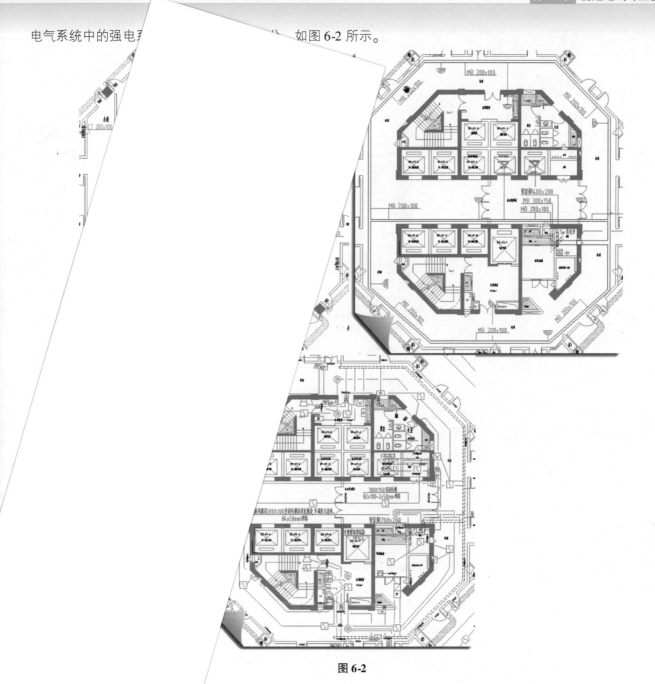

图 6-2

　　　　　模型相同，首先需要创建新项目，在项目上创建电气相关构件，创建前准备如下：

　　　　　项目"列表中的"新建"按钮，弹出"新建项目"对话框，单击"浏览"按钮选择"随书文件　　　　　　　　　机械样板 .rte"，确认创建类型为"项目"，单击"确定"按钮创建空白项目文件。

　　2）本项目样板　　　对 F3/9.900 标高创建好了楼层平面视图。

　　3）单击"插入"选项卡"链接"面板中"链接 Revit"工具，打开"导入/链接 RVT"对话框。在"导入/链接 RVT"对话框中，选择"建筑模型"项目文件，设置底部"定位"方式为"自动—原点到原点"方式，单击"打开"按钮，将建筑模型载入项目文件。

　　4）切换至"南—机械"视图，该视图中显示了当前项目中项目样板自带的标高以及链接模型文件中的标高。机电样板中所带标高与建筑模型标高一致，不做修改。

　　5）切换至"E—强电"平面视图，选择"协作"选项卡"坐标"面板中"复制/监视"工具下拉列表，在列表中选择"选择链接"选项，移动鼠标至链接建筑模型任意位置单击，进入"复制/监视"状态，采用"复制/监视"命令创建电气模型轴网，具体步骤参见本书 4.3.3。

　　6）保存该项目文件，或打开"随书文件 \ 第 6 章 \ 6-2-2. rvt"项目文件查看最终操作结果。

6.3 强电系统

6.3.1 水平电缆桥架

强电系统创建一般包括强电系统电缆桥架及电气设备。

1）接上节练习，打开"E—强电"平面视图，选择"插入"选项卡"导入"面板下的"导入 CAD"命令，在"导入 CAD 格式"对话框中选择"动力平面图"，勾选左下角处"仅当前视图"一栏，"导入单位"选择"毫米"，"定位"选择"自动—原点到原点"，如图 6-3 所示。完成后选择"打开"。

2）将 CAD 解锁，然后与模型轴网对齐，点击图纸任意位置，在"属性"面板"绘制图层"中选择"前景"，选择图纸上方"锁定"符号锁定 CAD 图纸，防止在绘制过程中移动图纸。

3）选择"系统"选项卡"电气"面板下的"电缆桥架"工具，自动进入"修改 | 放置 电缆桥架"对话框，在"属性"面板电缆桥架类型中选择"动力—槽式"，设置桥架宽度为 300，高度为 100，偏移值为 2600，如图 6-4 所示。

4）缩放视图，调整鼠标至强电井位置，按照 CAD 图中所示位置绘制出强电井桥架，桥架绘制与风管绘制相同，需要两次单击，第一次单击确认桥架起点，第二次单击确认桥架终点，绘制结果如图 6-5 所示。

5）激活"修改 | 放置 电缆桥架"对话框"放置工具"面板下的"自动连接"工具，修改桥架宽度为 200，高度及偏移量保持不变，绘制电梯厅内桥架，此时两根桥架间自动生成三通，如图 6-6 所示。

图 6-3

图 6-4

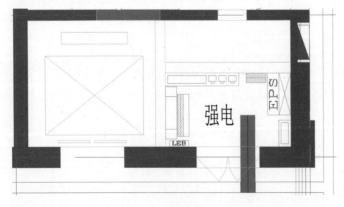

图 6-5

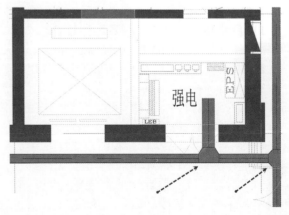

图 6-6

6）采用相同方法创建其余动力桥架，创建结果如图6-7所示，保存该项目文件，或打开"随书文件\第6章\6-3-1.rvt"项目文件查看最终操作结果。

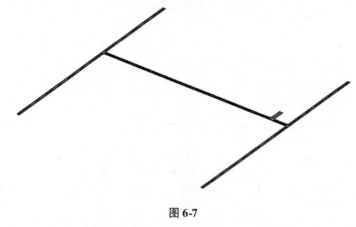

图 6-7

6.3.2 添加过滤器

电气中电缆桥架的创建方法虽然与水管、风管类似，但是桥架没有系统，因此不能按照系统的材质来区分颜色，通常使用过滤器来添加。

1）接上节练习。打开三维视图，选择"视图"选项卡"图形"面板下的"可见性/图形"工具，自动进入"可见性/图形替换"对话框，选择"过滤器"选项卡，如图6-8所示。

2）单击"添加"命令，自动进入"添加过滤器"对话框。选择"动力"选项，如图6-9所示。

图 6-8

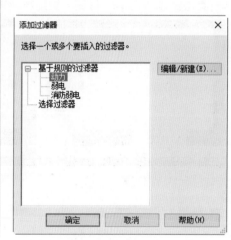

图 6-9

3）页面跳转至可见性设置对话框，选择刚刚添加的动力桥架，单击"投影/表面"中"填充图案"下的"替换"按钮，在弹出的"填充样式图形"中，设置颜色为红色，填充图案为"实体填充"，如图6-10所示。

4）单击"确定"按钮，完成过滤器的添加及设置，可以发现刚刚创建的动力桥架已经变成了红色，如图6-11所示。

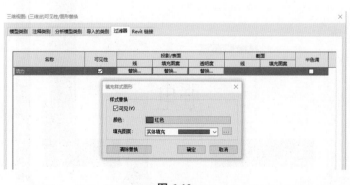

图 6-10

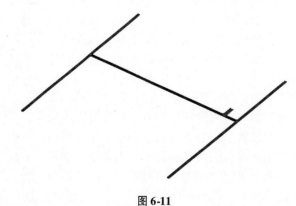

图 6-11

5）切换至"E—强电"平面视图，可以看到动力桥架并没有发生变化，也就是说过滤器的影响范围仅仅是当前视图，这与系统材质所添加颜色不同。因此如果想要在平面视图中桥架也发生变化，就需要在平面视图中设置相应的过滤器。

6) 保存该项目文件，或打开"随书文件 \ 第 6 章 \ 6-3-2. rvt"项目文件查看最终操作结果。

6.3.3 竖向电缆桥架

上节已经介绍了水平电缆桥架的绘制，本节主要介绍竖向电缆桥架的绘制。竖向电缆桥架一般位于电井中，在"动力平面图"中一般情况下会有"电井大样图"，如图 6-12 所示。

1) 接上节练习，打开"E—强电"平面视图，选择"系统"选项卡"电气"面板下的"电缆桥架"工具，自动进入"修改 | 放置 电缆桥架"对话框，在"属性"面板电缆桥架类型中选择"动力—槽式"，设置桥架宽度为 800，高度为 150，偏移值为 0。

2) 缩放视图，调整鼠标至强电井位置，按照 CAD 图中所示位置绘制竖向动力桥架，第一次单击确认桥架位置，修改选项栏中偏移值为 3500，点击"应用"按钮，创建竖向桥架，绘制结果如图 6-13 所示。

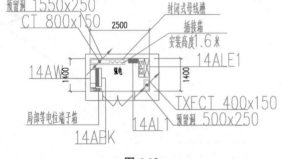

图 6-12

3) 选择刚刚绘制的竖向桥架，在"修改 | 电缆桥架"选项卡中选择"修改"面板下的"旋转"命令，设置角度为 90，如图 6-14 所示。

4) 点击键盘"Enter"按钮，桥架将旋转 90°，与 CAD 图纸中保持一致，如图 6-15 所示。

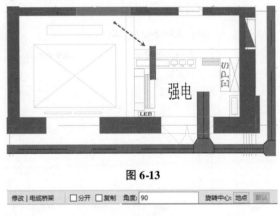

图 6-13

| 修改 \| 电缆桥架 | □分开 □复制 | 角度：90 | 旋转中心：地点 默认 |

图 6-14

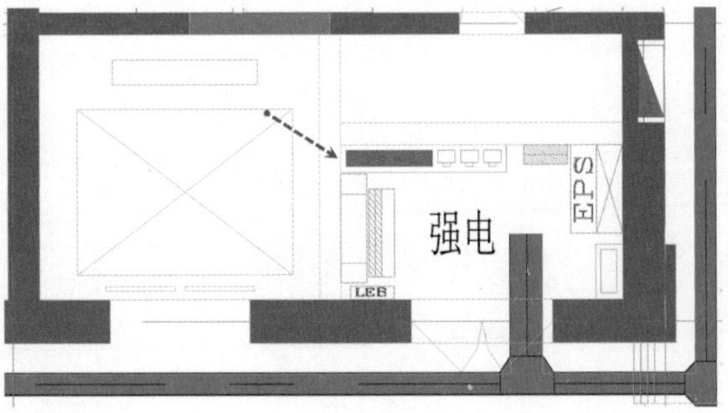

图 6-15

5) 保存该项目文件，或打开"随书文件 \ 第 6 章 \ 6-3-3. rvt"项目文件查看最终操作结果。

6.3.4 电气设备

电井中除了竖向电缆桥架外，还有配电箱等电气设备。

1) 接上节练习，打开"E—强电"平面视图，选择"插入"选项卡"从库中载入"面板下的"载入族"工具，自动进入"载入族"对话框，浏览文件位置，选择电气设备族"照明配电箱"。

2) 选择"系统"选项卡"电气"面板下的"电气设备"工具，自动进入"修改 | 放置 设备"对话框，在"属性"面板类型中选择刚刚载入的电气设备族，设置标高为 F3/9. 9000，偏移值为 0，点击鼠标进行放置，如图 6-16 所示。

3) 采用相同的方法，放置强电井中其余电气设备。保存该项目文件，或打开

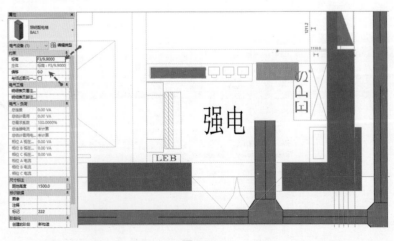

图 6-16

"随书文件\第6章\6-3-4.rvt"项目文件查看最终操作结果。

6.4 弱电系统

6.4.1 弱电系统电缆桥架的绘制

弱电系统的电缆桥架绘制与强电系统绘制相同，但需选择不同的电缆桥架类型。

1）接上节练习。打开"E—弱电"平面视图，选择"插入"选项卡"导入"面板下的"导入 CAD"命令，在"导入 CAD"对话框中选择"弱电平面图"，勾选左下角处"仅当前视图"一栏，"导入单位"选择"毫米"，"定位"选择"自动—原点到原点"，完成后选择"打开"。

2）将 CAD 解锁，然后与模型轴网对齐，点击图纸任意位置，在"属性"面板"绘制图层"中选择"前景"，选择图纸上方"锁定"符号锁定 CAD 图纸，防止在绘制过程中移动图纸。

图 6-17

3）点击"视图"选项卡"图形"面板下的"可见性/图形"工具，切换至"过滤器"选项中，采用上节6.3.2介绍的方法，添加"动力""弱电""消防弱电"，其中"动力"为红色，"弱电"为青色，"消防弱电"为绿色，设置"弱电"为可见，"动力"及"消防弱电"为不可见，结果如图6-17所示。

4）选择"系统"选项卡"电气"面板下的"电缆桥架"工具，自动进入"修改 | 放置 电缆桥架"对话框，在"属性"面板电缆桥架类型中选择"弱电—槽式"，设置桥架宽度为400，高度为100，偏移值为2600，不激活"自动连接"工具，如图6-18所示。

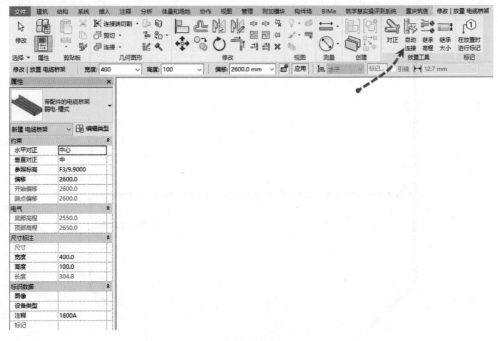

图 6-18

【注】电缆桥架没有系统选项，当标高相同时，不同类型的电缆桥架交叉也会自动生成三通、四通，因此创建过程中不激活"自动连接"工具。

5）绘制出弱电电井处桥架，修改桥架的宽度，绘制其余电缆桥架，绘制结果如图6-19所示。

6) 缩放视图至桥架连接处，点击"修改"选项卡"修改"面板下的"修剪/延伸单个图元"工具，连接桥架使之生成三通，如图 6-20 所示。

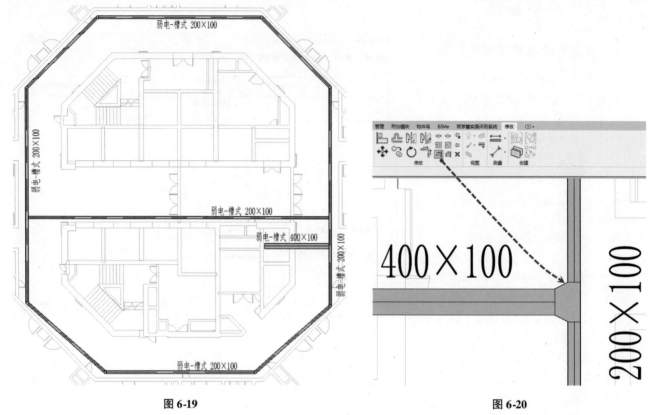

图 6-19   图 6-20

7) 采用相同方法，添加其余三通，完成结果如图 6-21 所示。

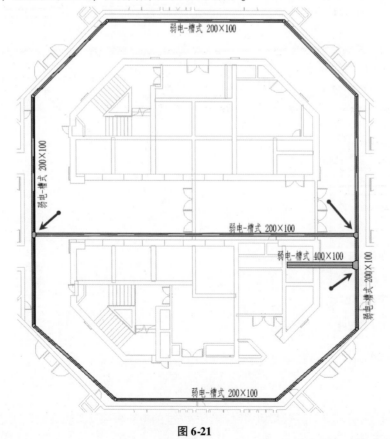

图 6-21

8) 缩放视图，调整鼠标至弱电井位置，绘制竖向弱电桥架。选择桥架类型为"弱电—槽式"，设置宽度为

300，高度为 150，偏移量为 0，第一次单击确认桥架位置，修改选项栏中偏移值为 3500，点击"应用"按钮，第一根竖向弱电桥架绘制完成。

9）采用相同方法绘制第二根 200×100 的竖向弱电桥架，完成结果如图 6-22 所示。

10）至此完成桥架的绘制，如图 6-23 所示，保存该项目文件，或打开"随书文件 \ 第 6 章 \ 6-4-1. rvt"项目文件查看最终操作结果。

6.4.2 弱电消防系统桥架的绘制

弱电消防系统的创建与弱电系统创建相同，弱电消防系统桥架位于"火灾报警平面图"中，因此需要在 Revit 中打开"E—弱电消防"平面视图，导入"火灾报警平面图"，采用 6.4.1 的步骤完成弱电消防桥架的绘制，结果如图 6-24 所示。保存该项目文件，或打开"随书文件 \ 第 6 章 \ 6-4-2. rvt"项目文件查看最终操作结果。

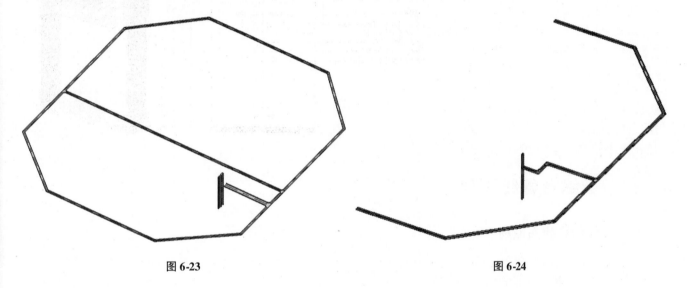

图 6-23　　　　　　　　　　　　　　图 6-24

6.5　本章小结

电缆桥架绘制前需要创建相应的电缆桥架类型，并进行电缆桥架配件的设置，才能够进行正确的绘制，在本项目案例中，样板文件已经创建好了电缆桥架类型及电缆桥架过滤器，因此只需要使用样板文件来进行电气项目创建。

创建完成土建、机电各专业 BIM 模型后，接下来可以综合以上各专业 BIM 模型进行机电综合协调与深化。机电综合协调与深化的主要工作是依据建筑、结构、机电各专业模型，在不影响使用功能的情况下对机电管线进行合理的位置排布与空间优化，使管线布置美观，方便现场的施工与后期检修。

如图 7-1 所示，相比较二维的综合管线排布，基于 BIM 的综合管线设计具有直观，数据查看方便，延续性好，方便检查的优点。本章将以 Revit 软件为基础，结合机电管线综合排布的原则与思路，讲解机电管线综合协调与深化设计的一般操作方法。

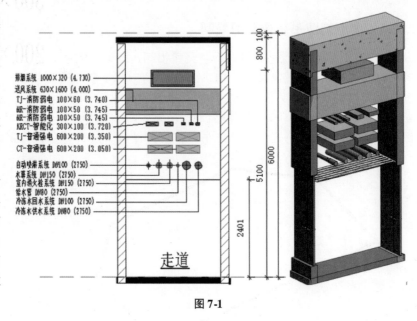

图 7-1

7.1 综合管线基础

7.1.1 管线综合排布原则

管线综合排布根据空间以及各专业系统管道的类型与特点，应遵循以下主要原则：

1）按照净高需求，管线综合排布需要满足建筑空间净高的使用要求，尽可能抬升净高，大管交叉翻弯宜在梁叉内进行。

2）按照排布的先后循序，先主管后支管进行排布。

3）按照管线交叉避让翻弯原则，一般小管让大管，有压让无压，桥架避让水管，非保温管避让保温管，金属管避让非金属管。

4）按照管道排布的上下关系，桥架在上，水管在下；小管在上，大管在下；在当前区域内路过的管道在上，在当前区域中需要使用的管道在下。

5）按照左右位置关系，一般检修管道在外面，不检修的管道在里面。

7.1.2 管线综合的基本操作步骤

根据上一节中介绍的管线综合排布的原则，在 Revit 中完成综合协调深化的主要工作步骤与内容见表 7-1。

表 7-1

序号	步骤	主要工作内容
1	模型整合	整合全专业模型，熟悉建筑房间与结构体系，熟悉机电各系统的组成
2	空间分析	对建筑层高、结构高度进行分析，机电主管线的路由进行分析，确定调整方案
3	主管线调整	对机电管井、机房、主管道的管线进行排布，确定主管线定位
4	支管调整	对房间的支管进行排布，确定支管的定位
5	管线翻弯处理	对局部交叉的管线进行翻弯与连接处理
6	末端调整	综合精装修以及末端点位定位要求，对末端进行调整，并处理末端与各系统的连接关系及避让关系

7.1.3 管线间距的要求

机电管线的间距需要满足规范与施工的要求，需要考虑不同管线之间的相互影响，通常管线的间距满足如下要求：

1) 管道之间水平间距考虑保温后，考虑管卡固定的间距，净间距不宜小于50mm。

2) 风管之间水平间距考虑保温后，考虑风管固定，净间距不宜小于50mm。

3) 同类型桥架之间的水平间距，通常考虑分支线管，净间距不宜小于100mm。

4) 强电与弱电之间的水平间距，尽可能大于300mm，最小不宜小于100mm。

5) 桥架与水管之间的水平间距，尽可能大于300mm，最小不宜小于100mm。

6) 桥架与风管之间的水平间距，不宜小于100mm。

7) 水管与风管之间的水平间距，不考虑公用支（吊）架，间距不小于水管支（吊）架的尺寸。

8) 管线上下布置的间距考虑支（吊）架的空间以及分支管空间。

常见的各类机电管线的间距要求可参考各专业的设计规范、施工图集、施工验收规范。

7.1.4 管线调整的基础操作

Revit进行管线调整过程中，软件有如下基础操作：

1. 管线的移动

管线的定位需要进行管线的移动，在Revit中可以使用以下方法进行管线的移动。

1) 如图7-2所示使用鼠标拖动的方式移动。在楼层平面视图或剖面视图中选择需要移动的图元，将鼠标停留在管线中部，当出现移动图标时，按住鼠标左键，移动鼠标可以通过拖拽的方式进行管道的平移。或者选择要移动的管线图元，通过使用键盘方向键，也可以实现管线在各方向上进行平移。

2) 使用修改选项卡，修改面板当中的移动命令进行移动。选中要移动的图元，点击修改选项卡、移动命令，然后选择移动的参照对象，最后输入上下左右的移动距离或者捕捉到需要参照的对象，点击鼠标完成移动操作。

在进行管线移动时，Revit会保持与管线相关联的弯头、支管之间的连接关系不变。

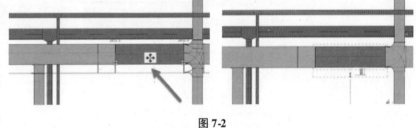

图 7-2

2. 管线的间距调整

管线定位时需要参照其他管线以及建筑与结构构件，以便对管道进行精确定位。Revit中管道精确定位的详细操作如下：

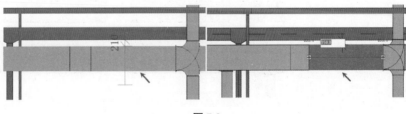

图 7-3

1) 如图7-3所示，使用尺寸标注功能标记管线与管线或者土建构件的间距。点击尺寸标注，在视图中点选风管的边线与桥架的边线，然后点击空白区域布置标注。

2) 选择需要调整的图元，修改尺寸标注当中的数字，完成间距的精确调整。选择风管，调整间距为150mm，然后输入回车，完成间距调整。注意要修改尺寸标注当中的文字，必须确保要移动的管线处于选择状态。Revit会以高亮的方式显示被选择的图元。

3. 管线断开

在管线调整时，需要对整体管路当中的某一段管道进行位置以及标高的调整，为了不影响与之相连的管道，需要进行管道的打断，例如处理结构的局部降板区域等。Revit中管道打断的操作如下：

1) 如图7-4所示，将视图显示到需要打断的管线的区域，修改选项卡，选择修改面板中的打断工具。

2) 将鼠标靠近到打断的管线，点击鼠标打断管线，管线上将生成接头。

3) 同样的方法在接头附近打断管线。

4) 删除两个接头以及中间管道，完成管线的打断。

4. 管线的尺寸、标高调整

管线调整过程中经常对管道的尺寸、标高做调整。Revit 中管线尺寸、标高的调整可以通过修改管线的属性来实现。

1）如图 7-5 所示，在视图中选择需要调整标高的管道，在选项栏中通过修改尺寸调整管线尺寸大小。

2）通过修改属性面板中管道的偏移值，调整管线标高。需要注意的是属性面板中的偏移值为管线的中心距离当前标高的偏移值，如需要按照管线底标高调整，要根据管道的高度（或半径）进行测算。

5. 管线的连接

两条管线断开，不同标高、不同角度时需要进行管道的连接，常见的连接操作如下：

1）如图 7-6 所示，两管段在同一条线上连接时，选择需要连接的管线，拖动管线的端点，捕捉需要连接的另一个管线端点后点击鼠标，完成连接。

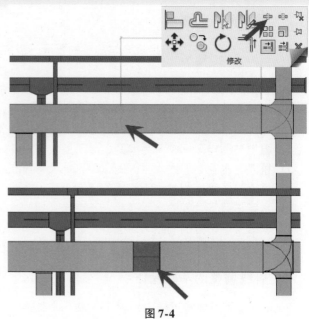

图 7-4

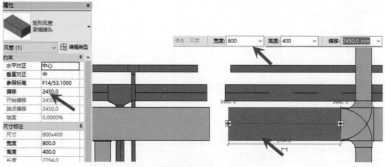

图 7-5

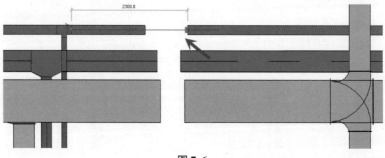

图 7-6

2）如图 7-7 所示，管线布置转角连接时，使用修剪/延伸为角命令，然后点击需要连接的管道，完成两管线之间的连接。

3）如图 7-8 所示，两管段当中，主管分支管连接时，可以使用拖拽支管端点捕捉主管中心的方式进行连接，或者使用修改当中的修改/延伸单个图元的命令进行连接，先选中主管，然后选择需要连接的分支管，完成管道连接。如果两管道不在同一标高，则 Revit 会在两管线间自动添加立管。

以上几个操作在机电管道深化设计时会反复多次使用，需要读者灵活掌握管道图元的几个修改编辑工具。

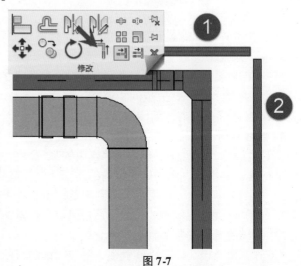

图 7-7

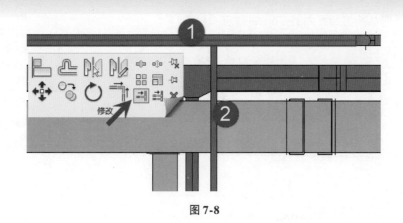

图 7-8

7.2 综合管线的调整

7.2.1 模型整合

机电管线综合设计过程中，需要参照土建模型，在建筑空间范围内进行机电管线的调整。在调整机电管线时，由于随时需要调整机电各专业的管线位置，进行方案推敲，为了避免过程中反复地修改各专业模型以及进行重新载入链接，综合管线在调整前，通常将所有机电专业的模型文件进行整合。

Revit 中可以通过在同一个运行程序中，打开所有机电专业的文件，通过复制、粘贴的命令进行模型的合并。操作如下：

1）打开 Revit 程序，使用机电综合项目样板创建一个新的项目文件，新建完毕后选择保存文件，文件名称为 BGL_MEP_F03_9.900。样板文件请使用本章节"随书文件\第 7 章\机电综合样板 .rte"样板文件。

2）在打开的空白的机电项目文件当中，打开如图 7-9 所示需要合并的暖通专业文件，点击快速访问栏，打开命令，选择暖通专业文件。

3）打开文件以后，如图 7-10 所示，可在视图切换窗口中看到当前已打开的项目和视图。

4）在暖通项目当中，切换到三维视图，选择视图中所有图元，被选中后的图元颜色显示为选中状态，然后点击如图 7-11所示修改选项卡"剪贴板"面板中的"复制"按钮，或者可以直接按键盘快捷键Ctrl + C，将所选择图元复制到 Windows 剪贴板。

5）将视图重新切换到机电综合项目，视图选择为 All，如图 7-12 所示，切换至修改选项卡，点击"粘贴"工具下拉列表，在列表中选择"与当前视图对齐"选项，Revit 将默认按照原点与原

图 7-9

图 7-10

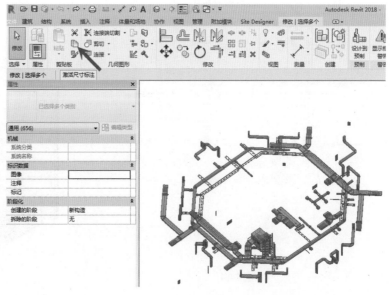

图 7-11

点对齐的方式将上一步中复制的图元对齐粘贴到当前项目中。

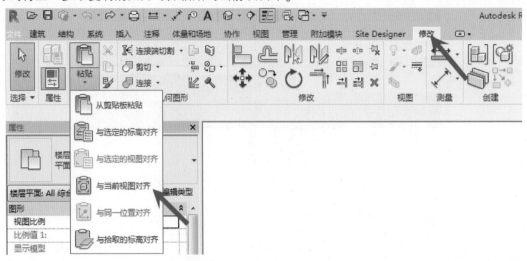

图 7-12

6）由于在当前项目中存在与复制图元相同的参数，Revit 将给出如图 7-13 所示对话框，提示所复制的对象的类型在项目中已存在，点击"确定"即可。

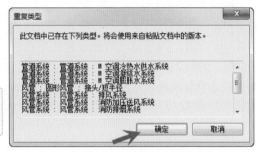

图 7-13

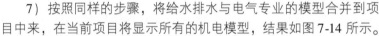 提 示

由于单专业模型创建的样板与综合样板在进行标准定义时是一致的，所以会出现相同的版本。

7）按照同样的步骤，将给水排水与电气专业的模型合并到项目中来，在当前项目将显示所有的机电模型，结果如图 7-14 所示。

8）使用"链接 RVT"工具，使用"原点到原点"的方式在当前项目中链接建筑与结构专业模型文件。完成后结果如图 7-15 所示。

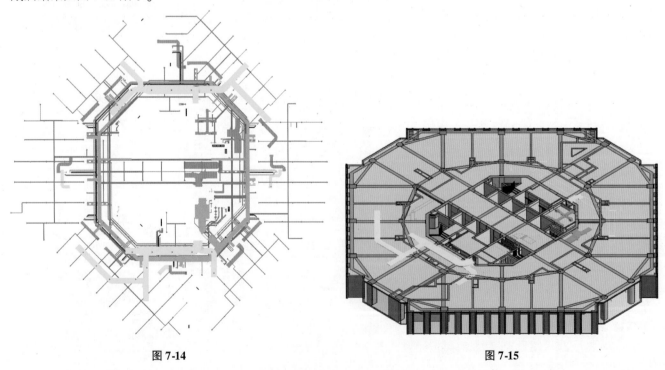

图 7-14   图 7-15

9）至此完成土建与机电模型整合操作。整合结果参见本书"随书文件 \ 第 7 章 \ 7-2-1. rvt"项目文件。

在机电深化设计过程中，由于需要对各机电管线进行调整与修改，因此必须将已完成的各机电专业模型复制到当前机电深化项目中。而建筑与结构专业由于不需要参与机电深化的过程修改，因此通常采用链接的方式链接到当前项目。除使用上述方法外，还可以将各机电专业模型文件链接至当前项目中，再通过如图 7-16 所示链接绑定的方式，将链接文件转换为当前项目文件。关于链接绑定的详细操作，参见《Revit 建筑设计思维课堂》一书中相关操作。

由于前期专业建模前机电各专业以及与结构之前没有进行协调，模型之间、各专业之间会有明显的碰撞。下一节开始讲述如何在建筑与结构的空间内，进行各专业的综合管线的调整。

7.2.2 空间分析

管线综合协调与深化调整的第一原则是按照设计的功能要求，在有限的空间内进行综合管线排布，达到按图施工以及满足建筑空间使用的净高要求。在进行综合调整前，需要对调整的区域进行空间分析，确定净高是否满足要求。空间分析时，需要查找空间最不利点，由于占用空间较大的是各专业系统中的主干管道，一般来说主干管道都集中在过道区域，所以机电管线协调深化时首先对公共区域的主管道进行最不利点的排布分析。通常最不利的复杂点多出现在降板、结构大梁以及风管集中区域，通常复杂区域会成为不满足空间净高要求的主要区域。

空间分析的主要操作步骤如下：

1）接上节练习。切换至综合—梁平面视图，在视图中显示了当前项目中所有的机电系统管线和建筑布局与结构梁的分布。如图 7-17 所示，通过初步分析可判断该区域管线最为集中，管线包含排烟主管、新风主管、空调水管、桥架、热水管道、通气管以及喷淋管道，梁高度为 600mm，判断该位置为最不利的空间位置。

2）如图 7-18 所示，使用剖面工具绘制剖面。设置剖面属性面板中"远剪裁偏移"值为 100，设置视图样板为"机电综合剖面"视图样板。

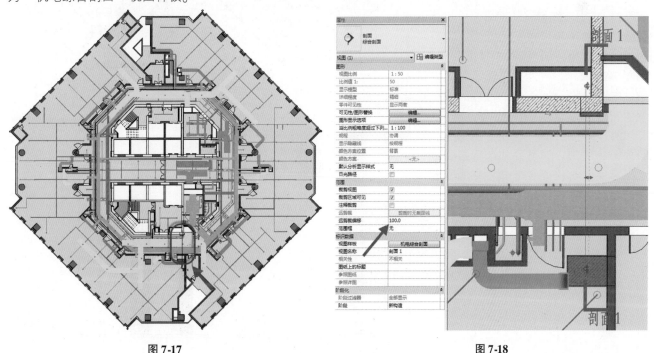

图 7-17   图 7-18

3）切换至剖面视图，查看断面情况如图 7-19 所示。接下来需要根据净高控制的要求，对剖面净高进行分析。由于过道需要保证 2200mm 的净高要求，通过剖面测量可知，梁下净高为（3600 − 50 − 600）mm = 2950mm，其中 3600 为建筑层高，50 为需要扣除的建筑面层值，600 为结构梁高度值。同时过道区域需要吊顶，考虑吊顶石膏板龙骨的安装空间为 200mm，则机电管线的可用布置空间高度为（2950 − 2200 − 200）mm = 550mm。

4）根据上一步中计算的结果按照初步的方案进行综合管线的排布。风管按照一层排布，其他管线水平排开，同时保证水平管道的间距要求以及主管线的分支要求。排布过程中防烟排烟风管上下保温层厚度各 50mm，因此风管的高度最大值为（500 − 2 × 50）mm = 450mm，风管不能与其他水管、桥架叠层。如图 7-20 所示，可以发现该区域已经没有了水平空间去布置桥架与水管，此处已经无法满足净高的要求，需要进行管线路由的优化调整。

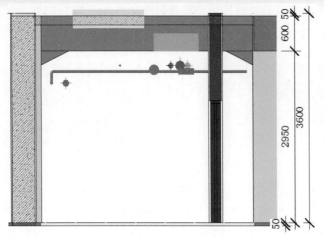

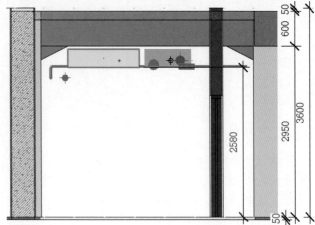

图 7-19　　　　　　　　　　　　　　图 7-20

7.2.3　路由优化

管线路由的优化是指在不影响机电设计功能的情况下，进行管线路由的调整，避免管线的集中布置，可以将部分管线由过道移到房间，或者改变管线的系统布置走向。

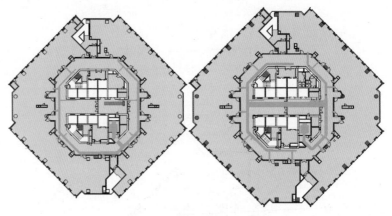

图 7-21

1）接上节练习。从剖面断面可以看出风管在其中占用了较大的空间，考虑将新风管进行调整。切换到 F3 楼层平面视图，如图 7-21 所示，过滤后只显示新风系统管道，左边为原设计路由，右边为调整优化后的布置。

2）参考图 7-21 所示新的平面走向绘制新风系统管道，调整后的新风路由设计避免新风主管与排烟主管集中布置。新风系统改变路由时，需要保证过流断面不减小，以确保设计的流速以及总的损耗符合原设计。

3）切换至剖面视图，结果如图 7-22 所示。断面新风管由原来的 800×300 优化为 320×200。新风主管与排烟主风管已经不出现在同一断面，断面内有空白区域进行管线的调整。

4）保存项目文件，或打开"随书文件\第 7 章\7-2-3. rvt"项目文件查看最终操作结果。

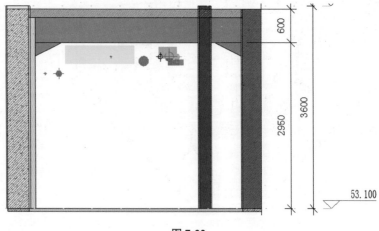

图 7-22

为保证优化后布置的新风管道满足各功能房间新风系统的流量分配，与支管连接部位的风管优化后的截面面积应不小于原设计截面面积尺寸，以保障各功能房间末端的设计风量。对路由进行深化设计优化后，需要经设计重新复核后才能继续。

7.2.4　主管线综合排布

主管线的调整是指在建筑与结构的范围内，对剖面内的综合管线进行上下左右位置的精确定位，排布完成后满足设计、施工与检修空间的要求。管线能布置支（吊）架，预留电缆桥架的放线操作空间以及主管道向各房间的分支管道的布置空间。

具体对剖面中的管线进行调整时，通常按照专业，对不同的系统管道按照先大后小的原则将断面内所有的管线一一进行布置。

1) 接上节练习。切换至剖面视图。首先对占空间较大的排烟风管进行调整。为保证净高 2200mm，通过 7.2.2 节计算得知由于排烟管的高度不可超过 450mm，因此将位置排烟管的截面调整为 900×450，选择排烟风管，将风管的截面修改为 900×450，并将风管移动到左侧距离柱边 970mm 位置。

◀)) 提示

> 在机电深化的过程中，可对原设计中风管长、宽尺寸进行适当调整，但调整后的风管截面面积应不小于原管道截面面积，且不能超过规范所允许的最大宽高比。尺寸调整后应由设计院对尺寸进行重新复核。

2) 选择新风管道，将其移动至排烟风管左侧间距 100mm，中心偏移量 2630mm。风管左侧顶部与上方的加腋梁紧贴。办公区域分支管在梁之间与板的空隙处从风管顶部连接支管。

3) 调整空调水管位置，使用移动工具将空调水管移动至排烟风管右下方，水管底部与风管平齐，管中心偏移量 2500mm，距离风管左侧净间距 150mm。空调水管保温的间距 50mm，办公区域的分支管采用顶部分支管。

4) 通气管道的定位，通气管与空调水管布置在下层，距离空调水管保温后中心间距 250mm，按照中线偏移量 2500mm。

5) 喷淋水管在梁底部安装，布置在风管的右侧，走道内喷淋支管水平与风管中心间距 120mm，主管在支管右侧，间距 420mm，喷淋管道的中心偏移量为 2850mm。

6) 给水管道定位，给水管布置在喷淋主管的右侧，距离喷淋管道中心间距 210mm，给水支管从下方安装分支。

7) 热水管道定位，热水管道布置在给水管道的右侧，中心间距 240mm，中心偏移量为 2850mm。进入各办公室区域的空调支管可在梁与梁之间的空隙处从顶部连接支管。

8) 消防弱电桥架布置在新风管下方，底部与排烟风管平齐，中心偏移量为 2450mm，右侧距离排烟风管净间距 100mm。弱电桥架布置在消防弱电的左侧，间距 100mm，从右侧分支管到房间。结果如图 7-23 所示。

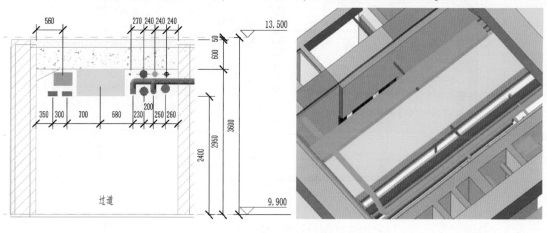

图 7-23

9) 重复 7.2.2 节最不利位置分析，过道内的其他最不利区域位置如图 7-24 所示，为方便表达，在此分别命名为 1、2、3、4 号位置。

在 1 号位置参考 7.2.1 节剖面参数设置在该区域位置添加剖面视图，切换至该视图。区域有消防补风兼排风，由于消防补风兼排风的管道在过道内有风口，需要将消防补风系统管线底部布置在最底层。

10) 为保证新风管能在梁格内避让消防补风兼排风，将消防补风兼排风的风管退后到梁格内。然后将新风管道在梁格内打断，调整新风管道的偏移量为 3080mm。最后将新风管道与打断的两头连接，翻弯角度应为 45°。结果如图 7-25 所示。

11) 强电、弱电桥架的布置，强电布置在弱电桥架的上方。调整后结果如图 7-26 所示。

12) 给水排水管道、空调水管道的调整步骤同最不利的调整区域，调整后的定位、调整后的结果参见图 7-26。

接下来将对 2 号位置进行机电管线深化设计。此区域电梯大堂有风机盘管以及电梯间排风兼补充风管，风管比较集中，需要一并考虑。

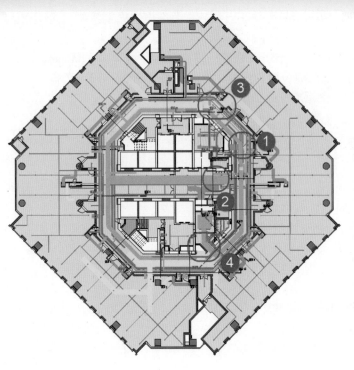

图 7-24

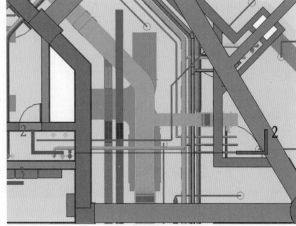

图 7-25

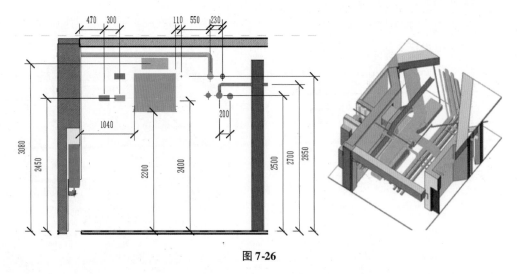

图 7-26

13）在 2 号位置添加剖面。切换至剖面视图，如图 7-27 所示，将新风管、消防补风兼排风风管、风机盘管风管，贴梁底布置，偏移量如图 7-28 中标注所示。

14）风管、桥架、管道在大厅过道内水平铺开，各个管线之间的间距如图 7-28 所示。

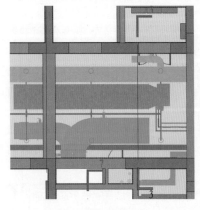

图 7-27

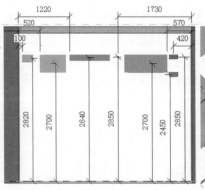

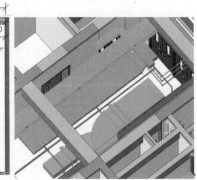

图 7-28

接下来对 3 号位置管线进行综合设计。3 号位置有排烟分支管、新风分支管，分支管道在梁下与水管碰撞，调整时需要避开梁，保证翻弯空间。

15）切换至 3F 综合梁平面视图，在 3 号位置按图 7-29 所示位置添加剖面。

16）切换至剖面视图，为了减少排烟风管的水平占位，将排烟主管的尺寸改为 630×450。排烟支管为了避免与上方梁碰撞，将分支管道的尺寸改为 1250×250。新风管调整为上方翻弯，风管局部抬高，侧面分支管跨越排烟风管后向下翻弯。详细位置如图 7-30 所示。

17）上方给水管道与排烟分支管碰撞处，局部上下翻弯。调整后的管线剖面如图 7-30 所示。

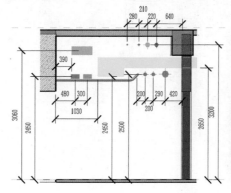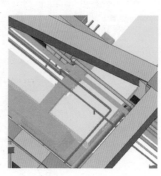

图 7-29   图 7-30

接下来对 4 号位置管线进行综合设计。4 号位置排烟风管分支管与给水排水消防管道、热水管道、给水管道在梁下方，无法上部翻弯绕开，需要对该区域分支处管线水平位置进行调整。

18）如图 7-31 所示，将给水排水消防管道、给水管道、热水管道，在转角处断开，补充水平管道，调整偏移量到 3250mm，然后两端与主管连接。排烟风管为了避免挡住右边水井的接管，风管调整成与管井隔墙平行的角度连接主管，桥架与主风管交叉处，桥架跨越主管后翻弯，角度为 45°。

19）切换至 5-5 剖面，如图 7-32 所示，对管道的标高与定位进行调整。

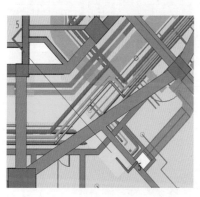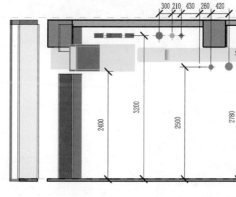

图 7-31   图 7-32

如图 7-33 所示，公共过道区域的主管线方案调整后，进行各个系统主管线从过道区域到机房管井的管线调整。在进行主系统连接的过程中，再次验证主过道区域的综合方案。

20）切换综合梁平面视图，如图 7-34 所示，该位置为新风管、空调水管以及喷淋的管井的主管出口，过道宽 1470mm。

21）绘制综合剖面 6，如图 7-35 所示，将新风管尺寸调整为 650×450，风管保温贴梁底布置，喷淋主管在右侧的梁下方布置，空调供水回水管布置在下方，标高同过道标高。空调凝水管道从过道排放到空调机房，标高为 2380mm。

给水排水主管的调整，以图 7-33 下方位置管井的调整为例说明。

22）如图 7-36 所示，该处为通气管、给水管、热水管管井位置，公共区域的主管接驳此处。

23）在图 7-36 中所示位置添加剖面，切换至剖面视图，通过调整剖面视图的远裁剪范围控制当前视图中仅给水管道可见。配合使用拆分及移动工具，按 45°角将给水管上翻 250mm，给水管道上翻然后穿结构墙，在结构墙通过一次预留洞口进入管井。结果如图 7-37 所示。

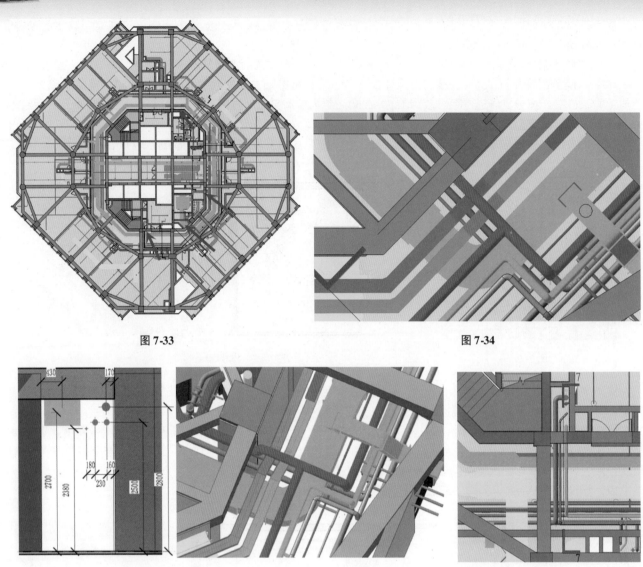

图 7-33

图 7-34

图 7-35

图 7-36

24）使用相同的方式调整通气管道、热水管道，结果如图 7-38 所示。

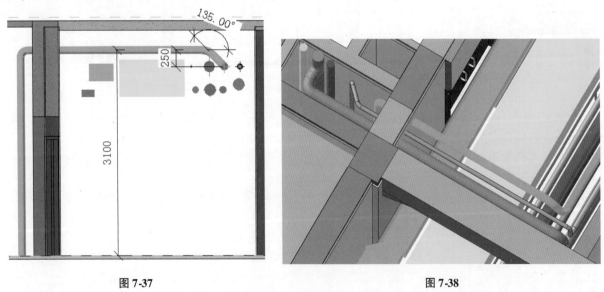

图 7-37

图 7-38

风管主管的尺寸较大，与风管碰撞的桥架需要向上翻弯避让。为了避免碰撞，风管主管需要布置在尽可能远离梁的位置。以图示 7-24 中编号 2 处风管管井为例说明调整的步骤。

25）如图 7-39 所示，排烟主风管进风井，尺寸为 800×600，穿过核心筒墙体进入风井。设置排烟风管底部标高为 2450mm，与过道风管底平齐；风管尽量靠右侧布置，与右侧隔墙间距 50mm，以保证下方桥架翻弯空间。

26）桥架与排烟风管交叉处，桥架向上 45°翻弯到 3200mm。调整后的剖面与三维效果如图 7-40 所示。

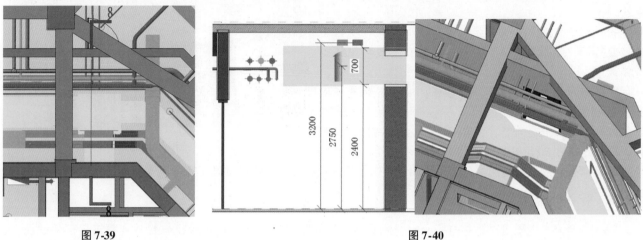

图 7-39   图 7-40

27）同样的方法，调整进管井 1 处的主风管，调整完毕后如图 7-41 所示。

接下来对电缆桥架进行调整，使主桥架与过道桥架底平齐，最终接入电缆管井。位置如图 7-42 所示。

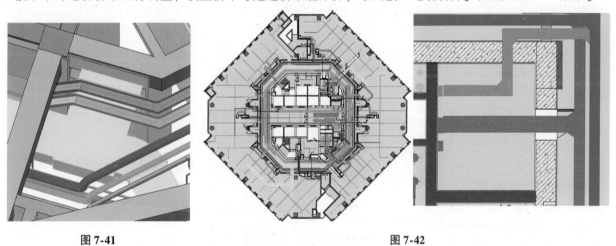

图 7-41   图 7-42

28）如图 7-43 所示，切换到电气管井区域，选择桥架，属性面板中显示当前桥架的底部高程为 2350mm。

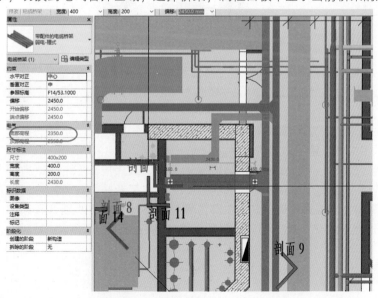

图 7-43

29）断开主桥架与走道桥架的连接，调整主桥架的偏移为 2500mm，然后使用修剪/延伸单个单元工具重新连接走道桥架与主桥架，完成桥架的连接。结果如图 7-44 所示。

30）到此完成了主管线综合排布操作。保存项目文件，或打开"随书文件 7-2-4. rvt"项目文件查看最终操作结果。

管线综合排布方案操作步骤较多，但基本原则都是在满足净高的前提下，结合排布原则对新风管、排烟管等的尺寸和路由进行调整。在 Revit 中需要配合平面、剖面、局面三维视图等多个视图的相互联动功能，对管线

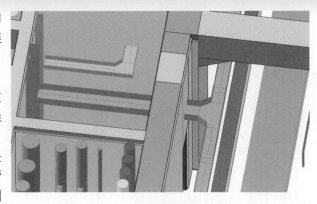

图 7-44

进行综合调整。需要注意的是，在操作的过程中，应保持主管、支管的正确连接，以确保形成完整的管线系统。

7.2.5 管井综合排布

管井综合排布主要是对管井内各专业管线立管进行定位，上一节进行了管道与管井主管连接部分的调整，本节将进行管井立管协调与定位，形成完整的管道系统。

如图 7-45 所示，样例项目中空调水管与给水排水管道共用公共管井。原设计空调水立管靠建筑墙布置，消防水立管靠核心筒墙布置。消防水立管与空调水立管发生冲突，需要调整立管的位置。

1）接上节练习。切换至综合楼层平面视图，使用"视图"选项卡"新建"面板中"详图索引"工具，如图 7-46 所示，沿管井范围绘制详图索引范围，新建详图索引视图，修改视图样板为"管井—详图"，修改视图比例为 1∶25，以放大显示管井。

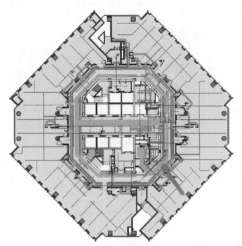

图 7-45

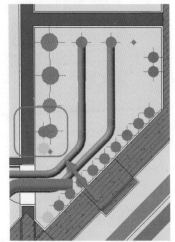

图 7-46

2）使用移动命令，调整消防水管道位置，避免与空调水管位置重叠，调整后的位置关系如图 7-47 所示。

3）如图 7-48 所示，使用尺寸标注工具，标注管道之间以及管道与墙间距，调整管道之间的间距，并完成连接。

4）到此完成了管井立管的调整。按照此方法，依次调整各管井的管道立管的布置，保存项目文件或打开"附书附件 7-2-5. rvt"项目文件，查看最终的结果。

在进行机电管线深化设计时，可以灵活使用详图视图工具，放大局部管井，以方便管线的调整。在进行管井管道排布时，应根据管井的结构受力条件考虑适当的支（吊）架形式，在管井中，立管常用的支（吊）架形式有靠墙式和落地式。其中靠墙式通常需要安装在剪力墙等具备承重条件的墙面或梁上。不论选择哪种形式的支（吊）架，均需要预留足够的支（吊）架安装和管道检修的空间。读者可根据经验，结合施工的条件灵活选择布置。

7.2.6 机房综合排布

机电系统所有功能均源于机房设备。机房设备布置是机电深化设计中重要的内容。

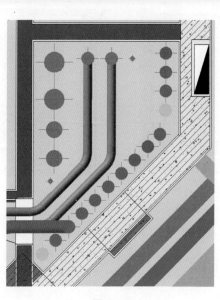

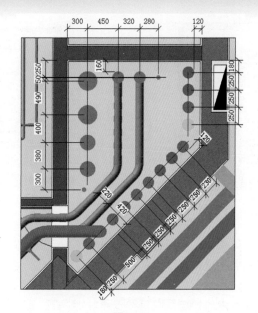

图 7-47 图 7-48

以项目中空调机房为例，说明机房深化的内容，空调机房内有新风机组，新风机组有空调接管。新风机组的摆放位置需要满足检修与使用的要求。新风主管与设备接口之间应有位置偏差，且需要保证设备静压箱高度与机房出口水平风管高度一致，方便新风主管与设备静压箱进行连接。

1）接上节练习。切换至楼层综合平面视图，放大显示机房位置，沿机房位置创建详图索引视图，修改比例为 1∶25，如图 7-49 所示。

2）如图 7-50 所示，在视图当中使用临时隐藏命名隐藏静压箱，使用标注命名，调整设备以及设备基础的定位。

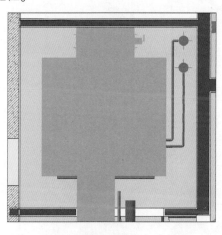

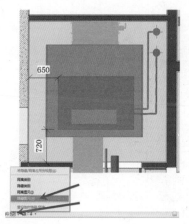

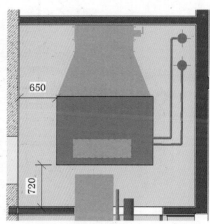

图 7-49 图 7-50

3）创建剖面视图，如图 7-51 所示，在视图当中根据设备接口位置以及出机房主风管的高度，使用移动命名，调整静压箱水平位置与高度，连接设备。

4）同样的方法，调整空调水管与设备的连接，平面图以及剖面图如图 7-52 所示。

5）保存项目文件，或打开"随书文件 7-2-7.rvt"项目文件查看最终操作结果。

设备机房深化需要考虑设备的安装、运行、检修、更换所需要的运输空间，且应保障各设备主要管线接管。设备的安装位置、方向可根据施工、运行的需要进行适当调整。设备布置完成后，还需要继续添加设备需要的阀门、附件、支（吊）架等信息，详细情况参见本书 7.4 节相关内容。通常设备基础会做特别的结构加强处理，应在土建施工前完成并确认设备的布置形式与位置。

7.2.7 支管调整

主管线从机房作为系统的源头，通过管井管线将动力输送到各楼层后，再通过各楼层的水平干管，通过支

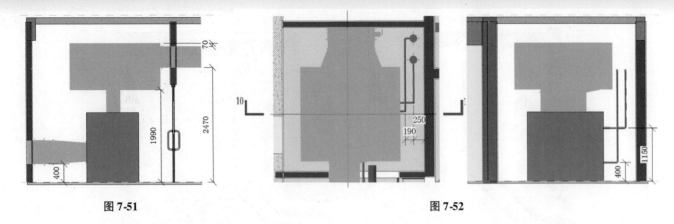

图 7-51   图 7-52

管分支到每个功能房间，最后连接房间内的机电点位。从主管分支管到房间机电点位的管线也需要通过综合深化设计进行合理的优化与布局。

支管的深化设计调整方式与主干管类似。接下来以图 7-53 所示样例项目右上角房间为例说明支管调整的步骤，该区域办公室中的机电系统包括暖通排烟风管、新风管、预留空调水管、冷凝水管以及给水排水和喷淋管道。支管的深化设计应确定该房间分支管进入房间的平面引入位置，保证各系统管线的引入位置不冲突，同时能方便从主管引出，避开结构梁的影响。

1）接上节练习。切换至 F3 楼层综合梁平面视图。首先考虑占用空间较大的排烟风管支管的引入位置。排烟风管从过道主管分支，从主管侧面分出，引入房间时会与过道内的给水管道、热水管道、喷淋主管交叉，给水管道、热水管道、喷淋主管在梁格内上翻避让排烟管。因此，排烟支管应在梁格内布置。

2）切换到梁平面视图。如图 7-54 所示，依次将排烟风管支管、新风支管以及喷淋支管进行水平方向的排布定位。为了避免与通气管水平碰撞，将风管尺寸由 1000×320 调整为 1250×250，支管顶部与主管平齐。

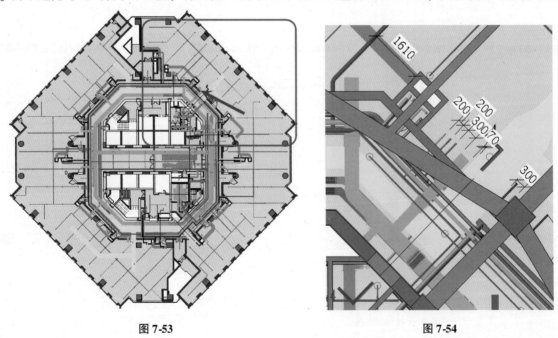

图 7-53   图 7-54

3）新风支管与主管连接，如图 7-55 所示，将新风支管的中心标高调整为 2800mm，布置在梁下方，在排烟风管交叉处，新风支管向上翻弯 45°与过道主管侧面连接。

4）空调水管的调整，如图 7-56 所示，支管的中心偏移量调整到 2700mm，以 45°的方式与主管连接。

5）喷淋管道的调整，如图 7-57 所示，喷淋支管标高 2700mm，45°向上与主管道连接。

进入房间内的分支管线位置确定后，再根据房间内机电点位的要求，进行房间内的机电管线排布。

在继续深化房间内的管线前，需要先确定房间内的管线排布方案。在样例项目中，根据设计要求，空调水与新风为预留，房间内的管道主要为喷淋与消防排烟风管，在排布时应按照最大净高排布，方便后面精装修时布置空调水与新风管道。

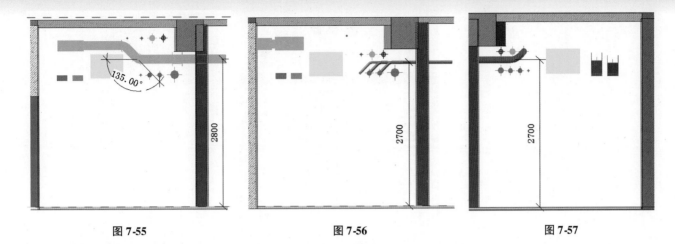

| 图 7-55 | 图 7-56 | 图 7-57 |

6）排烟风管贴梁底安装，在变径处采用顶对齐的方式布置。

7）房间内部的转换风管布置在喷淋管下方，底部高度不低于排烟风管。

8）喷淋管道贴梁底安装，当与风管交叉时向上翻弯避让风管。局部可以避开风管的，移动喷淋支管，结果如图 7-58 所示。

9）到此完成了支管的深化调整。保存该项目文件或打开"随书文件 7-2-7. rvt"项目文件查看最终结果。

支管用于机电系统将功能作用到各房间末端的连接管线。其深化设计的主要原则与主干管的综合深化原则相同。由于末端的位置通常需要与精装修等专业进行协调和确认，因此通常在最后阶段来完成支管设计深化。由于支管涉及砌体结构的二次预留预埋，因此还需要与土建专业进行预留预埋的协调，以保障综合深化的效果。

7.2.8 碰撞调整

管线局部的碰撞调整是指在确定综合管线的排布方案后，对局部同标高的管道进行翻弯处理，翻弯根据小管让大管、有压让无压的基本原则进行。局部的碰撞翻弯需要确定是否具有翻弯空间。在进行碰撞调整时，通常可以使用局部上下翻弯的方式进行避让。

如图 7-59 所示，对于产生碰撞的给水排水管线、空调水管线，可以采用 45°、90°的上下翻弯的形式，而对于电缆桥架等，需要采用 30°、45°的方式进行上下翻弯，而不宜采用 90°的方式。对于新风管、排烟风管等，如果需要形成 90°的转弯，也可以通过两个 45°的弯头连接形成 90°效果，避免因直角带来较大的流量损失。

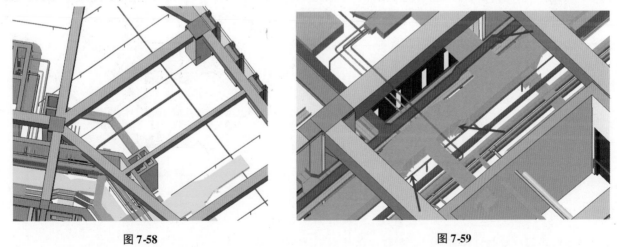

| 图 7-58 | 图 7-59 |

Revit 提供了碰撞检查功能，可以辅助用户对机电管线内是否存在碰撞进行检查。如图 7-60 所示，可以分别在左侧和右侧的列表中选择需要进行碰撞检查的图元类别，单击"确定"按钮，Revit 会给出所选择的类别的碰撞检查的结果。

碰撞检查功能可以协助检查机电深化设计成果，避免重要的冲突错误。例如，机电管线不应与结构构件、门、窗、楼梯发生碰撞，通过使用碰撞检查辅助工具可以避免这些重要的工程问题。但由于机电深化调整的巨大工作量，不应将机电管线间零碰撞作为深化设计成果的要求，而应该以避免重要错误作为检查的要求。

图 7-60

7.3 预留预埋

预留预埋是指确定机电管线排布以后，需要对机电管线穿越的建筑、结构墙、梁、板预留安装洞口，方便机电管线安装。按照建筑与结构，洞口分为一次预留与二次预留，一次预留主要为机电管线穿过结构混凝土受力构件的预留洞口，例如剪力墙、梁、楼板等。二次预留是指机电管线穿过二次砌筑构件时应预留的洞口，例如主体工程结束后砌筑的砖墙、隔墙等。

预留洞口按照预留机电管线的类别，分为综合洞口、风管洞口、水管洞口以及桥架洞口。

按照预留预埋的做法，分为预埋洞口、预留套管以及预留管。预留洞口一般为方形洞口，预留套管一般用在结构一次预留当中，预留管一般用在人防中，预留管两端预留法兰，后期安装直接连接。

预留预埋通常在机电模型中创建预留洞口的套管，结构以及建筑专业复核洞口位置，最后根据机电套管的定位，在土建模型中开洞。

本节以项目如图 7-61 所示区域为例，说明 Revit 中洞口的布置方法。

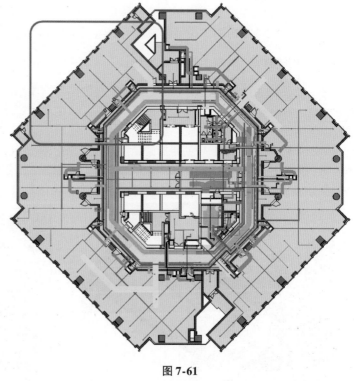

图 7-61

7.3.1 板洞口

机电系统中管线穿越楼板布置时，需要在结构施工过程中预留洞口。

方形洞口布置操作如下：

1）接 7.2.7 节练习。以 F3 标高为基础新建名称为"综合—结构板"的楼层视图。如图 7-62 所示，修改楼层平面视图的剖切面高度为 3600mm，以便在视图中显示结构楼板，并显示出穿楼板的管线。

🔊 **提示**

注意剖切面的高度超过结构楼板的高度，以便于遮挡楼板下方未穿楼板的管线。

2）如图 7-63 所示，在"综合—结构板"视图中，选择穿板的排风管，风管尺寸为 440×200，则风管穿板洞口的尺寸为 540×300。使用"常规模型"工具，在类型选择器中选择"楼板套管—方形"，按图 7-63 所示调整尺寸。

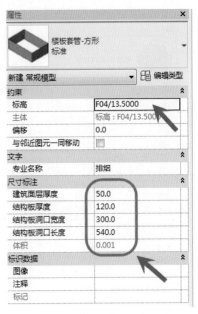

图 7-62

图 7-63

通常楼板洞口的尺寸一般比管线长度与宽度两边各多 50mm，套管高度一般高出建筑面 50mm。

3）单击放置楼板套管族。捕捉风管的中心位置，使用键盘空格键，套管根据风管的定位进行旋转，当显示如图 7-64 所示时，点击鼠标左键。

4）到此完成楼板套管族的放置。保存该文件，或打开"随书文件 7-3-1.rvt"项目文件查看最终操作结果。

套管布置一般用于管线的穿楼板预留，套管族的尺寸比管线尺寸大 100mm 左右。套管的高度根据使用的部位的楼板厚度进行调整，且应比建筑面层上高出 50～100mm。对于有多根管线同时穿出楼板的情况，可考虑共用一个套管族。

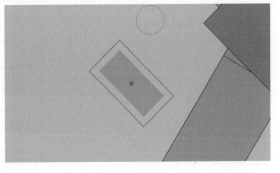

图 7-64

7.3.2 墙洞口

机电管道穿过墙时，根据穿越墙体的类型不同，需要在墙上预留洞口、普通套管或者防水套管。

以二次预留普通套管为例，说明穿墙套管布置的方法与操作步骤。

1）接上节练习。切换至 F3 楼层综合平面视图。如图 7-65 所示，改消防喷淋管道中心标高 2700mm。

2）使用"构件"工具，在类型选择器中选择"墙预留—普通套管"族类型。

3）按图 7-66 所示参数调整套管的实例参数，偏移量为套管的中心标高，同管道中心标高。套管外径为钢套管的外径尺寸，通常套管外径比管

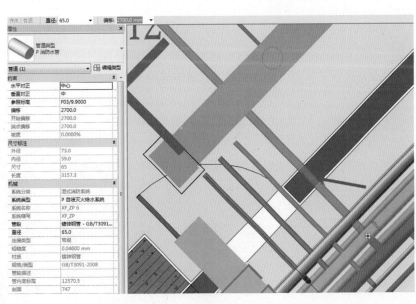

图 7-65

道尺寸大 100mm，然后取对应的管道尺寸，套管的长度为穿墙的墙体厚度。

4）布置套管。将套管放置在管道的中心线处。使用空格键，将套管的方向调整到与管道方向一致。然后使用移动命令，将套管与墙外边线平齐，结果如图 7-67 所示。

图 7-66　　　　　　　图 7-67

5）到此完成墙套管族的放置。保存该文件，或打开"随书文件 7-3-2. rvt"项目文件查看最终操作结果。

根据管线的尺寸，墙预留洞口或套管一般按照较管线尺寸两边各大 50mm 考虑。对不同的套管类型，可以根据外形创建相应的套管族。

7.3.3　梁洞口

机电管线穿越结构梁时，需要在梁中预留梁洞口。梁洞口使用方形洞口或者管道套管。梁洞口或管道套管的布置操作方法与墙洞口及套管的布置操作方式类似。

根据管线的尺寸，梁预留洞口或套管一般按照较管线尺寸大 50mm 考虑。预埋套管时，套管两端需与结构墙平齐。

机电套管布置完毕，土建专业链接机电专业管线，通过编辑轮廓或者放置洞口，完成土建模型的开洞。

目前已有较多的基于 Revit 的二次开发

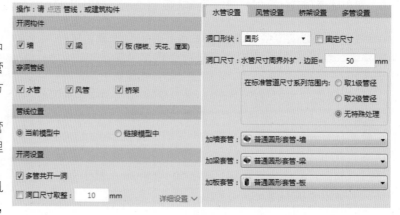

图 7-68

插件，可以用来快速根据管道进行结构预留、开洞操作。如图 7-68 所示为某软件的开洞插件，仅需要选择管线，并设置开洞的原则，软件会自动在结构模型中完成洞口开设，且洞口会随管线的移动而自动调整，大大地提高了机电深化预留洞的工作效率。

7.4　支（吊）架布置

支（吊）架属于管道的支撑承重构件，用于连接管线与结构主体，管线综合过程中需要考虑支（吊）架布置的形式与安装的空间。

支（吊）架按照制作的材料，分为成品支（吊）架与非成品支（吊）架，成品支（吊）架由支（吊）架生产厂家根据支（吊）架的各部分零件组成，现场拼装而成。非成品支（吊）架一般在施工现场使用角钢、槽钢、钢板等原材料现场加工而成。

按照支（吊）架的结构形式，分为支架与吊架。支架一般落地安装，吊架一般悬挂安装。

按照支（吊）架承担的管线类型，分为水管支（吊）架、风管支（吊）架、桥架支（吊）架以及综合支（吊）架。

按照功能分为固定支（吊）架、抗震支（吊）架、承重支（吊）架。

本节中以非成品支（吊）架为例，通过水平支（吊）架、立管支（吊）架、综合支（吊）架的布置，介绍 Revit 中支（吊）架的布置方法与操作步骤。支（吊）架位置如图 7-69 所示。

7.4.1 水平支（吊）架布置

水平支（吊）架用于水平管道方向的固定，根据管线大小、管线类型、功能作用与结构连接的形式的不同，其结构形式也不一样。通常水管支架布置在梁上，风管与桥架布置在结构板上。在 Revit 中采用可载入的支（吊）架族来生成各类支（吊）架图元，以风管支（吊）架举例说明水平支（吊）架的布置步骤。

1）接上节练习。切换至 F3 楼层梁平面视图。如图 7-70 所示，将在图示位置放置水平吊架。

2）使用"构件"工具，在族类型选择器中选择"丝杆吊架–40"族类型。修改"属性"面板中长度参数与支（吊）架底部高度，如图 7-71 所示。支（吊）

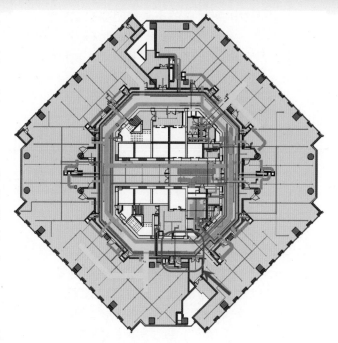

图 7-69

架底部高度与风管的底部高度一致，支（吊）架的长度比风管的长度通常比风管宽度多 100mm。

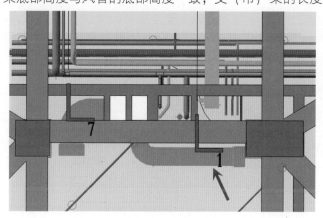

图 7-70

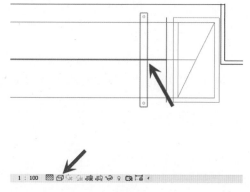

图 7-71

3）如图 7-72 所示，移动鼠标至风管位置，捕捉风管中心线，按空格键保证支（吊）架位置与风管垂直，单击放置支（吊）架图元。

4）继续上一步骤，需要调整支（吊）架的吊杆高度到楼板底部，在支（吊）架处新建剖面视图，如图 7-73 所示，在剖面视图中选中支（吊）架，点住鼠标左键拖动上方的拉伸符号，捕捉到楼板，然后放开，调整支（吊）架的吊杆长度，完成支（吊）架的布置。

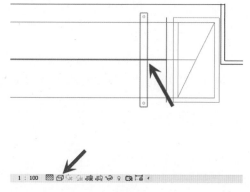

图 7-72

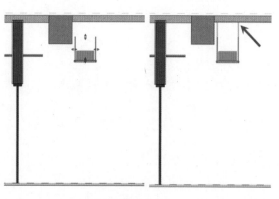

图 7-73

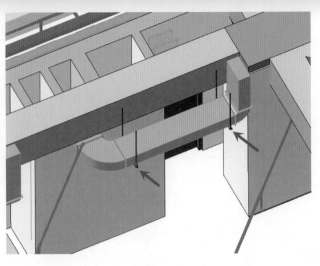

5）按照支（吊）架的布置间距要求以及支（吊）架类型要求，沿风管方向使用复制命令向左移动1500mm，完成该段管的支（吊）架布置，结果如图7-74所示。

6）保存项目文件。打开"随书文件7-4-1.rvt"项目文件查看最终结果。

水平支（吊）架的放置方式较为简单，一般来说选择合适的族进行放置即可。通常应结合施工规范以及管线的重量来选择合适的支（吊）架形式。对于支撑较大管线的支（吊）架，还需要对支（吊）架的受力进行分析计算，以确保支（吊）架的安全。

图 7-74

7.4.2 立管支（吊）架布置

在本章介绍管井综合排布时，已说明立管支（吊）架用于管线垂直方向的固定，根据固定的管道类型、尺寸大小、功能作用以及与结构连接的形式的不同，会选择不同的立管支（吊）架。立管支（吊）架也是通过制订相应的支（吊）架族，通过指定参数的方式进行放置。以放置给水排水管井中立管支（吊）架为例，说明立管支（吊）架放置的一般步骤。如图7-75所示，给水立管与热水立管共用立管支（吊）架。

1）接上节练习。切换至F3楼层综合平面视图。使用"构件"工具，在族类型选择器中选择"立管—角钢架—40"。

2）修改"实例属性"面板中的参数如图7-76所示。支（吊）架宽度是指立管支（吊）架横担的长度，取值比给水与热水管靠墙的长度大100mm。支（吊）架高度是指立管支（吊）架布置的局部高度，按要求取1100mm。支（吊）架长度是指管线离墙的间距，根据施工的布置取值80mm。

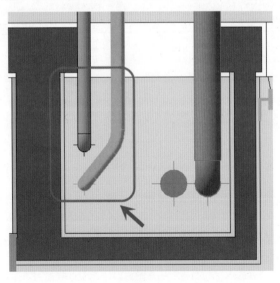

图 7-75

图 7-76

3）如图7-77所示，移动鼠标捕捉到管线中间位置，捕捉支（吊）架布置的墙体，单击鼠标放置支（吊）架，支（吊）架将放置在墙体上。

4）根据支（吊）架立管布置的间距要求，如果立管高度大于4000mm，使用复制功能通过复制添加支（吊）架。结果如图7-78所示。

5）保存项目文件。或打开"随书文件7-4-2.rvt"项目文件查看最终结果。

7.4.3 综合支（吊）架布置

综合支（吊）架是指管线在比较集中的情况下，所有管线共用同一个吊杆的支（吊）架布置形式，综合支（吊）架一般是多层管道，根据要承担的管线数量，管线排布方案定位，进行支（吊）架的布置。

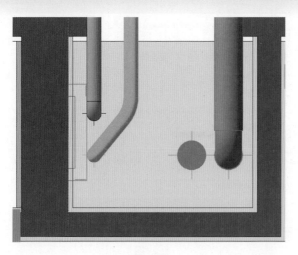

图 7-77

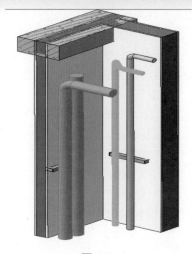

图 7-78

使用内建模型创建综合支（吊）架的操作步骤如下：

1）接上节练习，切换至 F3 楼层梁平面视图，首先确定支（吊）架布置的水平位置定位。综合支（吊）架整体重量较大，常布置在梁侧面。如图 7-79 所示，使用工作平面面板中的设置工作平面工具，选择拾取一个平面工具命令，点击项目中的梁边线作为支（吊）架的水平布置位置。在弹出的对话框中选择操作编辑的剖面视图 11，点击打开视图切换到 11 剖面视图中。

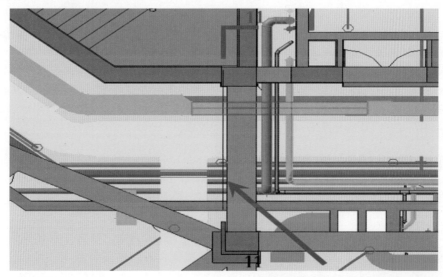

图 7-79

2）在综合剖面视图，使用内建模型命令创建粗略的支（吊）架模型。点击系统选项卡模型面板，内建模型命令。如图 7-80 所示，选择常规模型族类别，设置名称为过道综合支（吊）架 01。

3）如图 7-81 所示，在剖面视图中使用拉伸命令创建支（吊）架。点击拉伸命令，通过绘制支（吊）架的轮廓创建支（吊）架模型。首先创建支（吊）架的壁挂与横担，使用 10# 槽钢，拉伸厚度为 50mm。

4）继续使用拉伸命令，进行其他支（吊）架的布置，如图 7-82 所示。

图 7-80

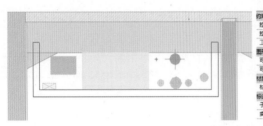

图 7-81

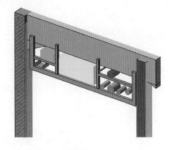

图 7-82

5）保存项目文件。或打开"随书文件 7-4-3.rvt"项目文件查看最终结果。

为方便 BIM 信息管理，在实际项目中，笔者并不推荐采用内建族的方式创建综合吊架模型。目前在基于 Revit 的二次开发的插件中，已有部分插件可以根据管道的类型自动生成支（吊）架，并自动调整支（吊）架的尺寸、标高以及吊杆的长度，从而加快支（吊）架的生成效率。

7.5 机电深化设计模型的要求

机电深化根据模型的深度不同，管线定位精度越来越高，更加逼近现场的施工情况，但模型的工作成比例增长，实际项目实施过程当中，可以按照阶段进行模型的深化，采用分步骤的实施方案。

设计阶段以确定管线的排布方案为主，重点解决机电管线布置的方案。模型主要体现机房、管井各功能区主管的排布，考虑管线支管的走管空间，支（吊）架的布置空间，阀门的安装空间，保证设计方案可行，对于不影响设计方案的小管线可以后面补充。

施工阶段，考虑管道的精确定位，可以结合实践的管材管件设备，进行施工深化补充，完善支（吊）架模型，管线的对齐方式以及碰撞的调整，根据需求进行模型信息深度的补充。

7.6 本章小结

综合管线是一项各专业协调的工作内容，管线的调整方案没有唯一的答案，综合协调人员需要根据实际项目情况与需求，结合各专业知识灵活应用。

本章结合项目案例，讲解了如何使用 Revit 工具命令进行机电综合管线的深化设计，主要包括综合管线基础管线调整方法，如何进行各专业之间的模型协调，管线综合调整的先后顺序以及注意要点，读者在掌握基础方法的同时，需要通过项目实际操作逐步掌握并灵活运用。

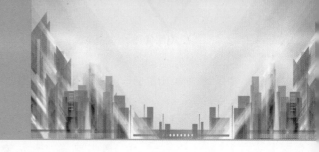

成果表达是指机电深化设计过程中或者深化设计完成后将模型以图纸、表格、动画等形式进行表达，并输出为可供交付和使用的成果。Revit 提供了多种工具将机电深化模型转化成设计成果并输出。

8.1 机电深化出图

机电出图是指依据协调模型，按照机电深化的图纸表达要求，使用 Revit 中的标注、视图显示功能，完成深化图纸的表达。

根据图纸的类型，机电深化设计图纸分为平面图、剖面图、详图、三维视图、净空分析图。

8.1.1 平面图

平面图包括综合平面图以及各专业的平面图纸，机电综合平面图主要用于方便查看项目当中所有的管线的综合布置情况，包括各管线间的相对位置关系；各专业图纸是在机电深化设计后按给水排水、消防、暖通空调、电气等专业内容分别进行图纸表达，用于各专业的单独施工指导用图。根据专业性的不同，综合图纸主要表达所有机电管线的规格以及走向，对于管线重叠的区域，补充综合剖面，在剖面中查看详细的各专业管线的布置关系。

接下来，以综合管线平面图为例，说明图纸创建的步骤。

1）接上章练习，新建楼层平面视图，命名为"综合平面—出图"。如图 8-1 所示，在属性中勾选"裁剪区域可见"选项。通过在视图中拖动视图范围框完成视图范围的调整。

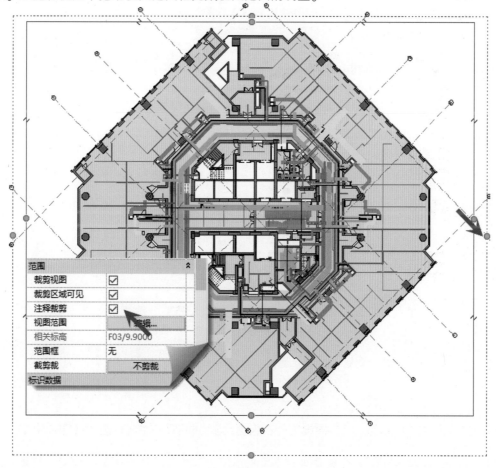

图 8-1

2）调整建筑底图与视图显示样式。如图8-2所示，将视图比例调整为1:75，将规程设置成机械，按照规程显示隐藏线。

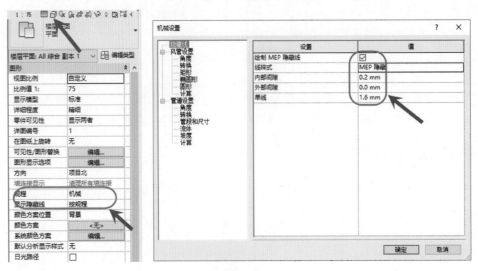

图 8-2

提 示

综合管线图中管线比较密集，比例一般在1:50～1:100，比较有利于尺寸标注等注释信息的显示。机械规程下将淡显土建专业模型中图元，有利于突出机电的标注。隐藏线用于表达上下管线之间的遮挡关系。

3）调整图元显示的线宽。如图8-3所示，单击"管理"选项卡"设置"面板中"对象样式"按钮，打开"对象样式"对话框。在对象样式对话框中将土建的线宽设置成"1"，将机电管线的线宽设置成"2"，在管理选项卡中的其他设置中可以查看默认编号对应的线宽值。

图 8-3

提 示

"对象样式"对话框中的线宽、线型等设置将影响图元在当前项目中所有视图的默认显示。

4）调整视图中图元的显示特性。视图显示特性主要包括图元显示的详细程度、线型。如图8-4所示，按键盘快捷键 VV 可打开 "可见性/图形替换" 对话框。在可见性替换中，将桥架与桥架的显示设置成中等，桥架将不显示中心线。将墙的显示设置成粗略，建筑墙将不显示内部构造。不勾选风管与管道的隔热层，将在平面视图中不显示隔热。

图 8-4

🔊 **提 示**

可见性/图形替换对话框中的详细程度、可见性、线型等设置仅影响当前视图中图元显示。且其显示优先级高于 "对象样式" 中设置的默认线型等参数。

5）在平面视图中需要标注管线的类型、尺寸与标高信息，可以使用 Revit 的 "按类别标记" 工具放置管道标记在管线上方。如图 8-5 所示，单击 "注释" 选项卡 "标记" 面板中 "按类别标记" 工具，不勾选选项栏引线选项，移动鼠标至要标记的管线将预览显示标记值，单击鼠标放置风管标记。

6）接下来将进行管道定位尺寸标注。如图 8-6 所示，在视图当中对图元的定位尺寸进行标注。单击 "注释" 选项卡 "尺寸标注" 面板中 "对齐" 工具，选择 "仿宋—2.5mm" 的标记样式，打开类型属性对话框，复制创建名称为 "仿宋—3.0mm" 的新样式，按图 8-6 所示参数修改尺寸标注参数值，完成后单击 "确定" 退出 "类型属性" 对话框。

7）如图 8-7 所示，移动鼠标靠近标记桥架的边线处，单击鼠标，然后捕捉右侧墙体的边线，移动鼠标，将标注放置在合适的位置，最后左键单击空白区域完成定位尺寸的标注。

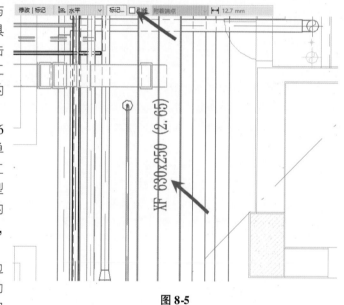

图 8-5

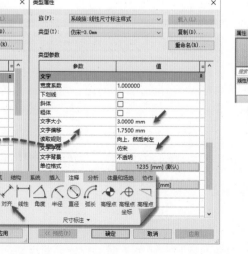

图 8-6

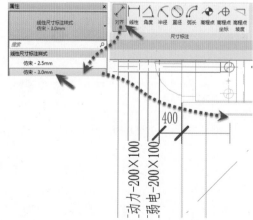

图 8-7

8）在 Revit 中使用文字工具在视图中进行图纸名称的标注，使用文字命名，选择"文字平面图名标注—7"文字类型，在视图下方输入"3F 综合平面图 1：50"。

9）按照上述方法完成所有平面的图元类型标记与定位标注。保存该项目文件或打开"随书文件 \ 第8章 \ 8-1-1.rvt"项目文件查看最终结果。

8.1.2 剖面图

综合平面中管线的布置重叠较多，无法查看断面内的管线布置关系，需要使用综合剖面图进行详细的表达，剖面图中将表达各管线的类别与详细定位。

以剖面 1 为例，说明管线综合剖面的标注方法。

1）剖面视图的设置。调整剖面的比例为 1：50，剖面的显示样式为隐藏线，规程为机械，在可见性/图形替换对话框中，如图 8-8 所示，设置墙的显示详细程度为"粗略"，将投影与截面调整为"砌体—砖"；设置结构柱、结构框架投影与截面调整为"混凝土"，打开管道与风管隔热层子类别。

图 8-8

2）标注定位尺寸。使用对齐尺寸标注工具，按如图 8-9 所示标注层高、梁高、管底部净高，以及管道中心与墙体的定位尺寸。

3）标记管线类别。如图 8-10 所示，使用按类别标记工具，勾选选项栏"引线"选项，单击新风管道，在靠近新风管左侧单击鼠标放置标注，按住移动符号向左拖动风管标记到墙的左侧。

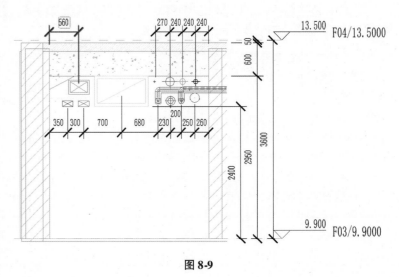

图 8-9

4）继续标注排烟风管，不勾选选项栏"引线"选项，标记后将标注拖动到新风标注下方对齐。最后将新风标注引线拖到排烟风管中心。使用同样操作步骤完成所有管线的标注，完成后如图 8-11 所示。

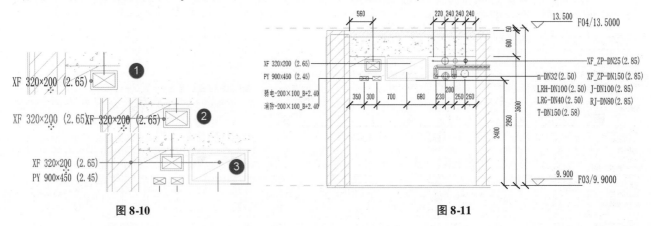

图 8-10

图 8-11

5）使用"房间标注"工具在过道中单击标注房间名称。使用文字工具标注视图名称，完成剖面图线布置，结果如图 8-12 所示。

6）保存该项目文件，或打开"随书文件 \ 第8章 \ 8-1-2.rvt"项目文件查看最终结果。

在使用"按类别标记"时，Revit 会根据图元类型中所设置的标签自动显示对应的参数信息。标记族可用于平面视图、立面视图、剖面视图等多个视图中，所显示的信息由注释族中的参数设置决定，如图 8-13 所示。

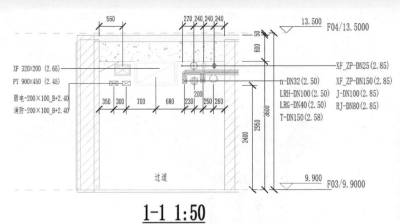

图 8-12

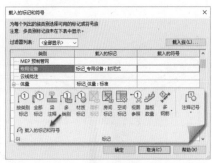

图 8-13

Revit 允许用户自定义标记族的显示内容，请读者参见本系列丛书《Revit 建筑设计思维课堂》一书中族相关的内容。

8.1.3 局部三维视图

对于项目中重点部位的复杂节点，为了更直观地展现管线排布的详细情况，可以使用 Revit 局部三维视图功能进行表达。

1）接上节练习，将视图切换到"综合平面视图"，如图 8-14 所示，将视图放大至图中所示位置。

2）如图 8-15 所示，为方便框选图元，框选时不激活"选择链接"和"按面选择"选项，则 Revit 在框选时将不选择链接模型中的图元。

3）如图 8-16 所示，在修改/选择多个视图选项卡中，使用"视图"面板中的"局部三维"工具，Revit 将切换到该位置的局部三维视图。

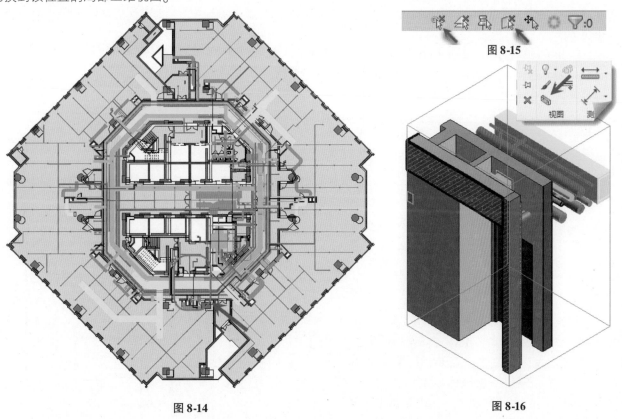

图 8-14

图 8-15

图 8-16

4）如图 8-17 所示，选择三维视图的范围框，拖动剖面框的控制按钮调整三维视图的显示范围。单击 ViewCube 立方体右上方顶点将视图按图示转换到右上 45°位置。

5）如图 8-18 所示，选择范围框，单击鼠标右键，在弹出菜单中选择"在视图中隐藏→图元"选项，将范围框隐藏，完成局部三维视图的创建。

图 8-17　　　　　　　　　　　　　　　　　图 8-18

6）保存该项目文件或打开"随书文件 \ 第 8 章 \ 8-1-3. rvt"项目文件查看最终结果。

在三维视图中，可以通过单击视图下方视图控制栏中"锁定三维视图"选项，将三维视图的视角锁定，视角锁定后，Revit 将禁用视图旋转等相关的视图操作。视图锁定后可以使用尺寸标注功能进行尺寸标注，并可以在锁定的三维视图中添加类别标记等注释信息。

8.1.4　净高分析图

在实际的工程项目中业主对各个功能空间的净高有不同的要求，可通过模型统计结构梁底净高、机电管综后管底净高及顶棚吊顶后净高，业主可根据具体的净高值来复核图纸方案内容。本案例项目中各功能房间的净高要求见表 8-1。

表 8-1

功能区名称	层高/mm	板底净高/mm	梁底净高/mm	管底净高/mm	吊顶高度/mm
走道	3600	3550	2950	2400	2200
办公	3600	3550	2950	2600	2400
卫生间	3600	3160	2800	2450	2200
机房	3600	3410	3050	2470	NA

在机电深化过程中表达净高一般指的是机电管综后的管底净高，在 Revit 中一般是通过"房间"功能来实现的。

1）接上节练习。点击"视图"选项卡"创建"面板中"平面视图"下拉菜单，在列表中选择"楼层平面"，单击 F3/9.900 创建平面视图，鼠标右键平面视图选择"重命名"，修改视图名称为"净高"。

2）选择"建筑"选项卡"房间和面积"面板中的"房间"工具，Revit 自动切换至"修改 | 放置房间"选项卡，激活"在放置时进行标记"，在"属性"面板的"高度偏移"中输入"3600"，"名称"中输入"走道 2.20m"，并移动至模型中的走道区域，单击鼠标左键放置房间，房间名称将会自动进行标注，如图 8-19 所示。

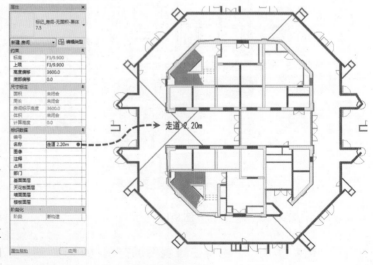

图 8-19

在机电模型中创建房间时，需勾选链接建筑模型的"房间边界"选项，如图 8-20 所示。

3）重复步骤 2）的操作，将所有的房间净高分区放置完成，结果如图 8-21 所示。

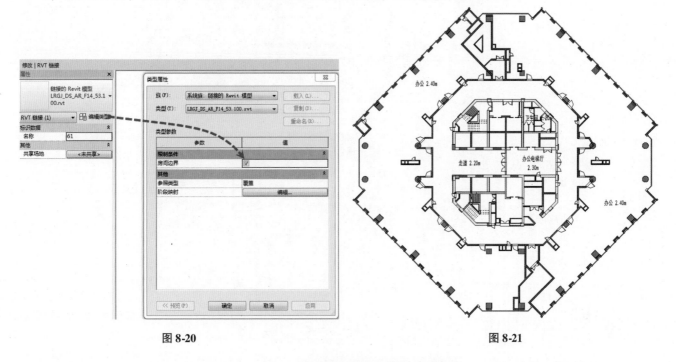

图 8-20　　　　　　　　　　　　　　　　　　　　图 8-21

4）如图 8-22 所示，选择"分析"选项卡"颜色填充"面板下的"颜色填充图例"命令，在绘图区域单击任意位置，弹出"选择空间类型和颜色方案"对话框，选择"空间类型"为"房间"，"颜色方案"为"方案 1"。

5）选择颜色填充图例，在"修改 | 颜色填充图例"选项卡上单击"编辑方案"按钮，弹出"编辑颜色方案"对话框。

图 8-22

6）如图 8-23 所示，选择"重命名"按钮，将颜色填充方案名称修改为"名称"，标题修改为"名称图例"，颜色选择下拉列表中的"名称"，弹出"不保留颜色"警告框，单击确定按钮，出现颜色填充方案。

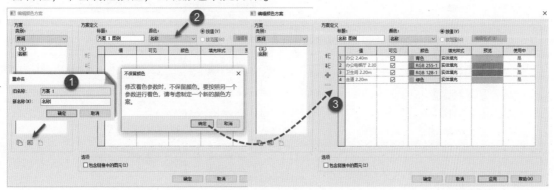

图 8-23

7）单击确定，回到"净高分析"楼层平面视图中。选择"注释"选项卡"文字"面板下的"文字"命令，在属性面板中单击"编辑类型"，复制创建"7mm 宋体"类型文字，调整文字字体为"宋体"，文字大小为"7mm"，宽度系数为"0.7"，勾选"粗体"。在平面视图颜色填充图例下方输入"F3 净高分析图"，如图 8-24

所示，完成净高分析图的制作。

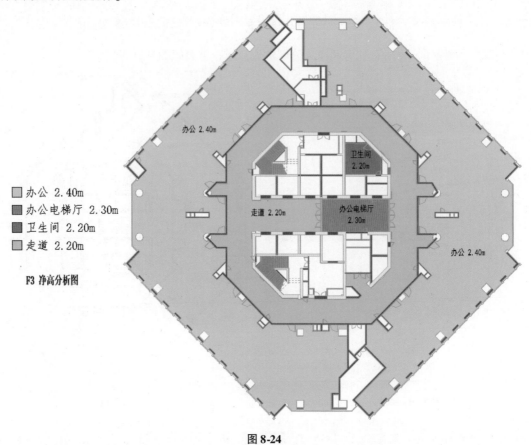

办公 2.40m

办公电梯厅 2.30m

卫生间 2.20m

走道 2.20m

F3 净高分析图

图 8-24

8）保存该项目文件或打开"随书文件\ 第 8 章\ 8-1-4. rvt"项目文件查看最终结果。

8.1.5　图纸布局与打印

Revit 中可以使用图纸功能，创建并打印图纸。

1）如图 8-25 所示，单击"视图"选项卡"图纸组合"面板中"图纸"工具，弹出"新建图纸"对话框。

图 8-25

2）如图 8-26 所示，在弹出"新建图纸"对话框中选择图框族名称以及图框的大小。添加完毕后会在项目浏览器图纸列当中生成系统默认的图纸编号与名称。可在项目浏览器中单击鼠标右键并在弹出快捷菜单中选择重命名，修改图纸编号与名称。

图 8-26

3）如图 8-27 所示，在项目浏览器中，选中"综合平面—出图"视图，按住鼠标左键拖动到图纸中松开鼠标左键，Revit 将在图纸中预览显示视图范围与当前图幅纸的位置，在图纸中心部位单击鼠标左键，完成视图放置。选择视口下方的标题栏，属性面板"类型选择器"列表中选择标题栏类型为"无线条标题"，隐藏下方的标题栏。

4）可以使用 Revit 的图纸功能将图纸导出为 DWG 格式的图纸。如图 8-28 所示，在文件选项卡中选择"导出→CAD 格式→DWG"，弹出"DWG 导出"对话框。在导出的截面中设置线型为"比例线型定义"，颜色选择"视图中指定的颜色"，最后单击"下一步"，选择 CAD 的版本，同时不勾选"将图纸上的视图和链接作为外部参照"，以保障导出后的 DWG 文件可在模型以及布局中查看图纸。

5）可以直接在 Revit 中打印 PDF 图纸。使用"Ctrl + P"快捷键打开打印对话框，如图 8-29 所示，选择当前窗口，然后单击"设置"打开"打印设置"对话框，在"打印设置"对话框中设置图纸的大小、定位以及打印方向，设置完成后，单击"确定"打印 PDF 格式图纸文件。

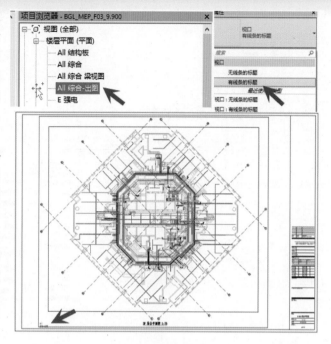

图 8-27

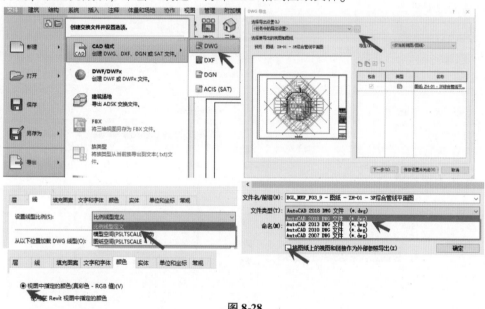

图 8-28

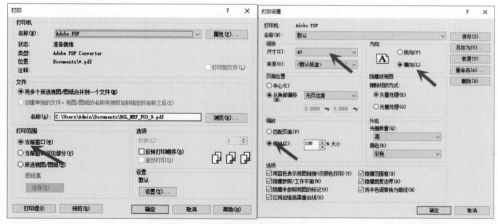

图 8-29

6）保存该项目文件或打开"随书文件 \ 第 8 章"中提供了导出的 PDF 全部内容，读者可自行查看最终导出图纸结果。

在 Revit 图纸视图中布置视口时，视口会自动添加视图名称标签。可以通过定义视图名称标签控制视图中显示的内容。在本书中，所有的视口名称已在视图中定义，因此在布置图纸时不再显示视口名称。

8.2 明细表统计

使用 Revit 信息模型，可以通过明细表提取、汇总并分析项目内的构件信息。明细表主要分为材质明细表与构件明细表。机电深化过程当中常使用构件明细表统计管道的长度与管件的个数。本节以管道明细表为例，讲解明细表的使用方法。

管道明细表需要按照不同的管道、尺寸规程统计出总的长度，Revit 中操作如下：

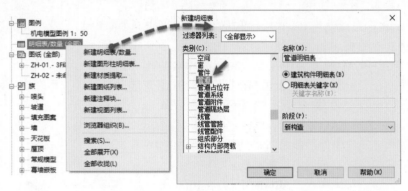

图 8-30

1）如图 8-30 所示，在项目浏览器"明细表/数量"类别中单击鼠标右键，在弹出菜单中选择"新建明细表/数量"，弹出"新建明细表"对话框。在左侧"类别"中选择"管道"。

2）如图 8-31 所示，将管道统计的字段类型、尺寸、长度添加到明细表字段当中，并对表格内的字段通过上升与下降进行表格列的排序。

图 8-31

3）切换至明细表视图。如图 8-32 所示，单击属性面板中的"排序/成组"按钮，弹出"明细表属性"对话框。在对话框中依次设置类型、尺寸类别，则 Revit 将按类型、尺寸对明细表中的数据进行合并，对表格进行分类统计。

4）在"明细表属性"对话框中切换至"格式"选项卡，如图 8-33 所示，在左侧字段列表中选择长度，选择"计算总数"选项，单击"字段格式"按钮，打开"格式"对话框，设置单位为米，单击符号为 m，单击确定按钮返回"明细表属性"对话框。

5）如图 8-34 所示，切换至"外观"选项卡，不勾选"数据前空行"选项，按图中所示选项对明细表的标题以及正文的文字样式进行调整，完成管道长度的明细表统计。

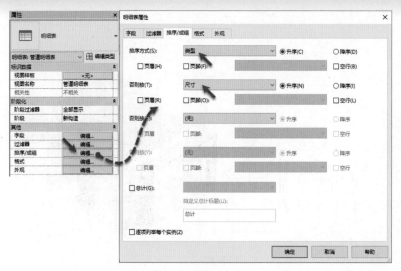

图 8-32　　　　　　　　　　　　　　　　　　　图 8-33

6）设置完成后单击"确定"按钮退出"明细表属性"对话框。设置完成后明细表样式如图 8-35 所示。

图 8-34

〈管道明细表〉

A	B	C
类型	尺寸	长度
M 空调水管	20	5 m
M 空调水管	25	17 m
M 空调水管	32	91 m
M 空调水管	40	55 m
M 空调水管	50	21 m
M 空调水管	80	66 m
M 空调水管	100	76 m
M 空调水管	150	14 m
M 空调水管	200	7 m
M 空调水管	250	7 m

图 8-35

7）保存该项目文件，或打开"随书文件 \ 第 8 章 \ 8-2. rvt"项目文件查看最终结果。

明细表是机电深化设计中常用的统计形式，除可以统计管道长度外，还可以统计包括管件类型、数量等信息。

明细表可以导出至 Excel 中，以方便进一步的数据处理工作。如图 8-36 所示，使用"文件→导出→报告→明细表"选项，可以将所有类型的明细表均导出为以逗号分隔的文本文件，大多数电子表格应用程序如 Microsoft Excel 可以很好地支持这类逗号分隔的文本文件，将其作为数据源导入至电子表格程序中。

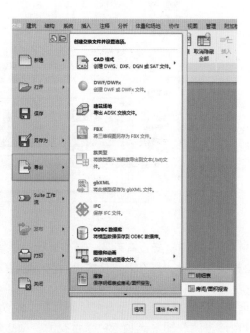

图 8-36

137

8.3 渲染与漫游

8.3.1 使用渲染

Revit 共提供了六种模型图形表现样式：线框、隐藏线、着色、一致的颜色、真实和光线追踪。如图 8-37 所示分别表达了隐藏线与真实模式下 Revit 视图显示的差异。可以合理选择视图的表现样式，灵活应用于成果表达中。

Revit 提供了 Raytracery 渲染引擎，用于对场景进行渲染，输出照片级的渲染成果。在 Revit 中要得到真实外观效果，需要在渲染之前对各个构件赋予材质。机电管线的材质定义与管线所属的系统有关。可以根据系统来定义材质。

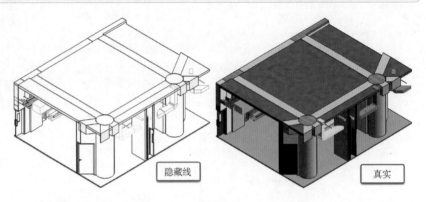

隐藏线　　真实

图 8-37

1）打开"随书文件 \ 第 8 章 \ 8-3. rvt"项目文件，切换至"渲染视图"三维视图。在项目浏览器中展开族类别，找到风管系统中"04 新风管"，双击打开"类型属性"对话框。

2）如图 8-38 所示，注意"材质"中定义了该系统采用的材质为"新风管"，即当前项目中所有 04 新风管系统的管道均将采用"新风管"材质。单击"材质"后浏览按钮打开"材质浏览器"对话框，注意当前材质名称为"新风管"，切换至"外观"选项卡，该材质的渲染外观设置为纯绿色。不修改任何参数单击取消按钮退出类型属性对话框。

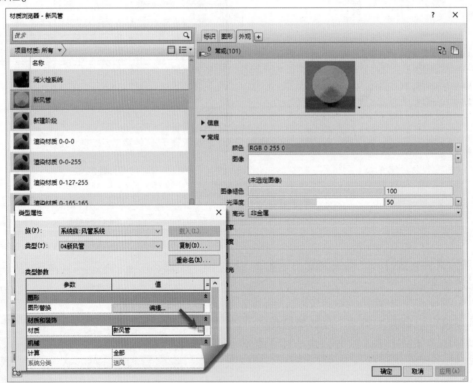

图 8-38

3）由于电缆桥架没有系统，需要单独对电缆桥架的材质进行定义。单击"管理"选项卡"设置"面板中"对象样式"工具，打开对象样式对话框。如图 8-39 所示，在"模型对象"选项卡中，切换"过滤器列表"中图元类别为"电气"，选择"电缆桥架"类别，单击"材质"列中浏览按钮，将打开材质浏览器对话框。在该对话框中选择"桥架"作为电缆桥架材质。Revit 将自动为项目中所有电缆桥架赋予材质。

4）单击"视图"选项卡"演示视图"面板中"渲染"工具，打开"渲染"对话框。如图 8-40 所示，可分别根据需要选择渲染质量、渲染分辨率，并设置场景中的照明方案。Revit 提供了室内、室外以及日光与人造光几种不同的组合渲染方案。在本操作中选择"室外：仅日光"；设置天空的样式为"天空：少云"，其他参数默认。单击"渲染"Revit 将开始对场景进行渲染。

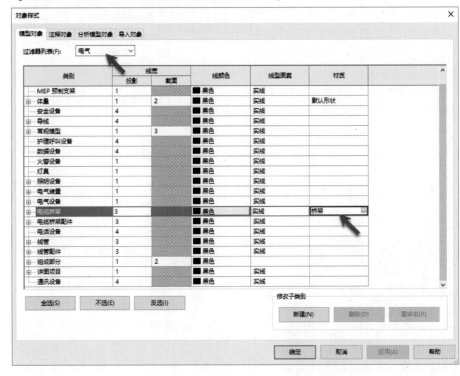

图 8-39

图 8-40

🔊 **提示**

> 渲染质量越高、分辨率越大，渲染所需要的时间就越长。

5）Revit 将进入渲染状态并给出进度提示框。渲染完成后 Revit 将显示渲染结果，如图 8-41 所示。单击"渲染"对话框中"保存到项目中"选项，可将渲染视图单独保存在项目中。通过项目浏览器可切换已保存的渲染视图。

6）到此完成渲染操作，不保存对文件的修改。

Revit 中的渲染操作较为简单。关键在于渲染材质的定义以及灯光的设置。Revit 中的材质大部分随图元族类型属性或图元属性定义。但机电管线较为特殊，Revit 通过系统类型进行定义，因此在创建机电管线时，需要正确设置管线系统。

如果进行室内渲染表现，需要注意布置室内灯光，并在照明方案中选择"室内：仅人造光"或"室内：日光和人造光"，Revit 电气布置中所有的灯具光源均可作为室内照明的光源。关于 Revit 中渲染表现的更多内容请参见 Revit 其他书籍。

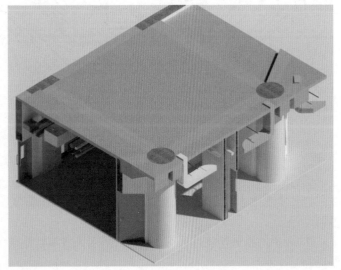

图 8-41

8.3.2 使用漫游

在 Revit 中还可以使用"漫游"工具制作漫游动画，让项目展示更加身临其境，下面使用"漫游"工具在样例项目中创建内部主管线漫游动画。

1）打开"随书文件 \ 第 8 章 \ 8-3. rvt"项目文件，切换至 All 综合楼层平面视图。如图 8-42 所示，单击"视图"选项卡中"三维视图"工具下拉列表，在列表中选择"漫游"工具，自动切换至"修改 | 漫游"上下文选项卡。

2）确认勾选选项栏"透视图"选项，设置"偏移量"即视点的高度为1750mm，设置基准标高为"F3/9.900"。如图8-43所示位置，沿走廊中间位置依次单击放置漫游路径中关键帧相机位置。在关键帧之间Revit将自动创建平滑过渡，同时每一帧也代表一个相机位置也就是视点的位置。注意在转弯的前中后的位置应至少放置三个关键帧，以确保直线段路径形状。完成后按ESC键完成漫游路径，Revit将自动新建"漫游"视图类别，并在该类别下建立"漫游1"视图。

图 8-42

3）切换至"漫游1"视图。调整视图的显示精度为精细，以便于在视图中显示完整的机电管线图元。选择视图的边界，该边界代表漫游的相机范围。单击"修改 | 相机"选项卡中"编辑漫游"按钮，进入编辑漫游状态，如图8-44所示，修改选项栏中相机的帧为1，单击漫游面板中"播放"工具，可以以动画的方式沿上一步骤中设置的漫游路径对场景进行漫游。

4）设置完成漫游后，如图8-45所示，可以单击"文件"菜单中"导出"列表中"图像和动画"中的"漫游"选项，将设置好的漫游导出为视频格式文件，方便发布和展示。

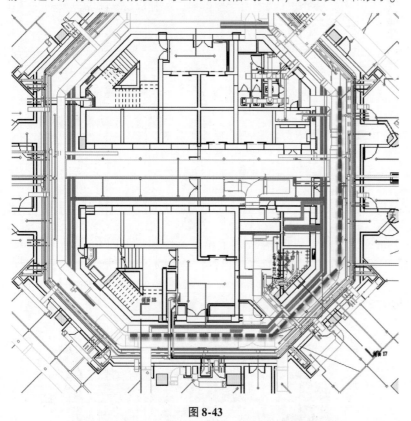

图 8-43

图 8-44

图 8-45

5）到此完成本操作。关闭该项目，不保存对项目文件的修改。

可以在绘制关键帧时修改选项栏的基准标高和偏移值，可形成上下穿梭的漫游效果。也可以在漫游路径绘制完成后，在立面或剖面视图中对关键帧位置的相机高度、视点的方向进行精细的调节，制作路径更为复杂的漫游动画。

Revit中的漫游功能仅从动画制作的角度来看其功能较为基础，可以配合其他软件来完成更为复杂的建筑表现动画。

8.4 导出到其他软件

在Revit中创建完成机电深化设计模型后，可以导出到其他软件中进行进一步的应用与管理。通常在完成机电深化设计模型后，可以导入至Navisworks中，完成协调管理、施工模拟等工作。也可以导入至Twinmotion等实时渲染软件中，进行机电综合方案的成果展示。

8.4.1　导出至 Navisworks

Navisworks 是 Autodesk（欧特克）公司针对建筑设计行业推出的用于整合、浏览、查看和管理建筑工程过程中多种 BIM 模型和信息，提供功能强大且易学易用的 BIM 数据管理平台，完成建筑工程项目中各环节的协调和管理工作。Navisworks 可以读取多种三维软件文件，从而对工程项目进行整合浏览和审阅。在 Navisworks 中，不论是 Autodesk 公司 Revit 生成的 RVT 格式文件，还是非 Autodesk 公司的产品，如 Bentley Microstation，Trimble Sketchup 生产的数据格式文件，均可以通过 Navisworks 读取并整合在同一个场景中。

Navisworks 提供了一系列查看和浏览工具，例如漫游和渲染，允许用户对完整的 BIM 模型文件进行协调和审查。如图 8-46 所示，在审阅过程中可以利用 Navisworks 提供的 "审阅和测量" 工具对模型进行测量、标记和讨论，方便在团队内部进行项目的沟通。

Navisworks 可以整合 Microsoft Project 生成的施工计划信息与 BIM 模型自动对应，使得每个模型图元具备施工进度计划的时间信息，实现 4D 施工模拟。如图 8-47 所示，为 2008 年上海世博会沪上生态家园项目中利用 Navisworks 模拟在不同日期的工程施工进度。

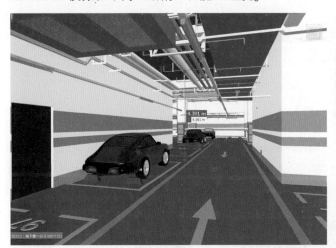

图 8-46

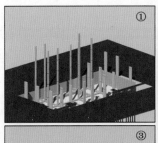
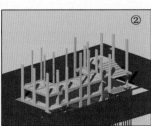

图 8-47

Navisworks 支持 NWC、NWF 和 NWD 几种不同的原生格式文件，其中 NWC 是 Navisworks Cache 文件格式。NWC 格式的数据文件是 Navisworks 用于读取其他模型数据时的中间格式。NWF 格式为 Navisworks Files 文件，使用该文件格式 Navisworks 将保留所有附加至当前场景的原始文件的链接关系。而 NWD 格式文件则为 Navisworks Document 文件，它将所有已载入当前场景中的 BIM 模型文件整合为单一的数据文件，该

图 8-48

文件为 Navisworks 的发布格式文件，可以将 NWD 格式文件发布至 iPad 中通过 BIM 360 Glue 进行查看。

要将 Revit 中的场景导入至 Navisworks 中，需要将 RVT 格式的项目文件转换为 NWC 格式，然后再合并至 Navisworks 的场景中。如图 8-48 所示，在安装 Navisworks 后，Revit "附加模块" 选项卡 "外部工具" 下拉列表中会出现 "Navisworks" 工具。选择该工具，可以将当前项目文件导出为 NWC 格式。建议在三维视图中导出 NWC 格式文件。

一般来说，由于机电深化文件包含土建及机电多个专业，因此需要分别导出 NWC 格式的中间文件。NWC 格式是高度压缩的文件格式，通常会比 RVT 格式的项目文件小得多。在 Navisworks 中，使用 "附加" 的方式可将 NWC 文件合并为单一的场景。如图 8-49 所示，为样例项目文件导入至 Navisworks 后的场景。由于在 Revit 中进行机电深化设计时，各专业严格遵守了原点到原点的链接方式，因此导入 Navisworks 后，各专业的空间位置将自动对齐，且 Navisworks 保留了 Revit 中的管道系统过滤器颜色，所以在导出 NWC 前应在 Revit 中设置好视图样板和显示过滤器。

除可以使用插件将 Revit 项目文件导出为 NWC 格式外还可以在 Navisworks 中直接打开 RVT 格式的文件。但在打开 RVT 格式文件时，Navisworks 会自动转换生成与 RVT 文件同名的 NWC 文件。因此，在第一次打开 RVT 文件时消耗的时间会稍长。关于 Navisworks 的更多操作请参考本系列丛书中《Navisworks BIM 管理应用思维课

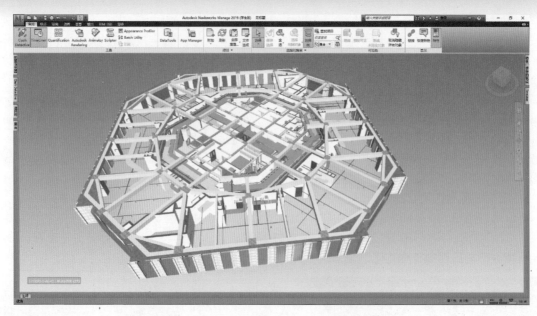

图 8-49

堂》一书，在此不再赘述。

8.4.2　导出至 Twinmotion

　　Twinmotion 是由 Abvent 公司基于大名鼎鼎的 UE4（Unreal Engine，虚幻引擎）开发的针对建筑、工程、城市规划和景观设计领域的实时渲染软件。2019 年被 UE4 母公司 EPIC 收购，成为 EPIC 建筑行业解决方案的一部分。如图 8-50 所示，Twinmotion 利用 UE4 强大的实时光照功能，配合强大的建筑材质库，可以将建筑工程表现得淋漓尽致。

　　在 Twinmotion 中，可以利用自身所带的素材库为场景中添加各类植物、人物，丰富场景的表达。利用天气系统定义四季各种天气，通过指定建筑所在的经纬度模拟指定日期和时间的真实日照等。Twinmotion 中的场景除可输出为静态图片外，还可以动画、VR 等形式将场景输出为独立的文件。

　　Twinmotion 支持通过 BIMobject 技术能够直接导入高质量的 BIM 模型。通过插件，可以通过一键单击实现将 ARCHICAD、Revit、SketchUp Pro、RIKCAD、Rhino 和 Grasshopper 软件中的模型修改同步反馈至 Twinmotion 的功能，实现实时变更结果的展示。Twinmotion 还支持 FBX、C4D 和 OBJ 格式，可以通过使用上述格式导入几乎所有的 3D 建模软件中生成的模型成果。

图 8-50

　　将 Revit 模型导入 Twinmotion 最简单的方法是安装 Twinmotion Direct Link 插件。该插件支持将 Revit 中生成的 BIM 模型及信息导入至 Twinmotion 中。可以通过 Twinmotion 的官方网站下载该插件。如图 8-51 所示，插件安装后在 Revit 中会出现 Twinmotion 选项卡。切换至三维视图，单击"See in Twinmotion（在 Twinmotion 中查看）"按钮，即可自动将当前场景传递至 Twinmotion 中，且会自动保持 Revit 模型与 Twinmotion 场景间的联动。

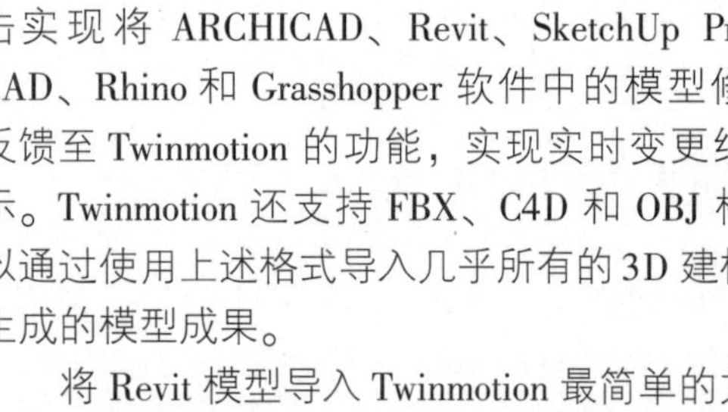

　　单击"Export（导出）"按钮，将弹出如图 8-52 所示对话框，可以在该对话框中设置导出的模型范围（可见或仅选择集中的图元）。注意默认会勾选"Exclude MEP families（排除 MEP 族）"选项，该选项在导出模型时将排除机电相关的图元以降低模型数量，因此如果要导出机电相关图元，请务必去除该选项。Twinmotion 将

图 8-51

导出的文件保存为 FBX 格式文件。

导出后启动 Twinmotion，使用 Twinmotion 的导入功能，可将已导出的 FBX 文件导入至当前场景中。如图 8-53 所示，Twinmotion 将保留 Revit 中的材质设置，且其表现方式更为美观、光影更加真实。

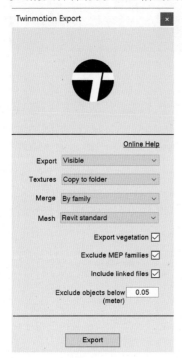

图 8-52

图 8-53

虽然 Revit 提供了导出 FBX 格式文件工具，但采用 Revit 直接导出的 FBX 文件导入 Twinmotion 时将会丢失全部的材质。因此强烈建议采用 Twinmotion Direct Link 插件完成 Revit 场景文件的导出工作，以降低 Twinmotion 中场景处理的工作量。Twinmotion 功能强大，操作简单，关于软件更多详细操作，详见软件帮助文件或相关书籍，在此不再赘述。

8.5 本章小结

本章介绍了基于模型进行项目图纸、明细表、净高分析、渲染漫游以及输出到其他软件进行数据成果表达的方法。机电成果的表达是成果交付与沟通的工具，在机电深化过程及协调过程都可以使用。

至此本书已完整介绍了在 Revit 中完成机电深化设计的全部过程，希望各位读者在工作过程中灵活运用本书介绍的工具与过程，提升 BIM 的应用及机电深化设计的设计水平，为祖国的工程建设行业贡献力量。

可以从 Autodesk 官方网站（http：//www.autodesk.com.cn）下载 Revit 的 30 天全功能试用版安装程序。Revit 可以直接安装在 64 位版本的 Windows 10Pro 操作系统上。在安装前，请关闭杀毒工具、防火墙等系统保护类工具，以保障安装顺利进行。在安装过程中，可能要求连接 Internet 下载族库、渲染材质库等内容，请保障网络连接畅通。

要安装 Revit，请按以下步骤进行。

1）打开安装光盘或下载解压后的目录。如附图 1-1 所示，双击 Setup.exe 启动 Revit Architecture 安装程序。

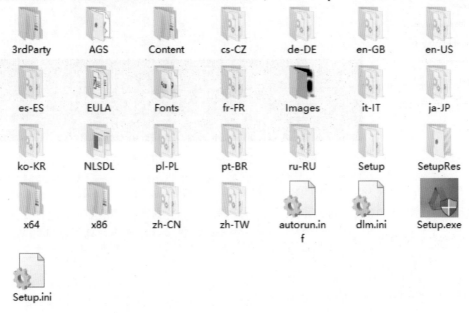

附图 1-1

2）片刻后出现如附图 1-2 所示"安装初始化"界面。安装程序正在准备安装向导和内容。

3）准备完成后，出现 Revit 安装向导界面。如附图 1-3 所示，单击"安装"按钮可以开始 Revit 的安装。如果需要安装 Revit Server 或 Revit 二次开发工具包，请单击"安装工具和实用程序"按钮，进入工具和实用程序选单。

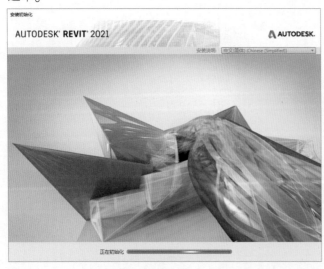

附图 1-2

附图 1-3

4）单击"安装"按钮后，弹出软件许可协议页面。如附图1-4所示，Revit会自动根据Windows系统的区域设置，显示当前国家语言的许可协议。选择底部"我接受"选项，接受该许可协议。单击"下一步"按钮。

5）如附图1-5所示，进入"配置安装"页面。Revit产品安装包中包括Revit和Autodesk Revit Content Libraries（Revit内容库）两个产品，以及包含共享的渲染材质库组件。根据需要勾选要安装的产品。除非硬盘空间有限，否则笔者建议安装全部产品内容。Revit默认将安装在C:\Program Files\Autodesk\目录下，如果需要修改安装路径，请单击底部"浏览"按钮重新指定安装路径。单击关闭并返回到产品列表按钮，单击底部"安装"按钮，开始安装。

附图1-4

附图1-5

6）Revit将显示安装进度，如附图1-6所示。右上角进度条为当前正在安装项目的进度，下方进度条显示整体安装进度状态。

7）等待，直到进度条完成。过程中，可以欣赏到靓丽的安装画面。完成后Revit将显示"安装完成"页面，如附图1-7所示。单击"完成"按钮完成安装。

附图1-6

附图1-7

8）启动Revit，启动界面如附图1-8所示。

9）如附图1-9所示，Revit给出许可协议对话框。在30天内，可以通过使用Autodesk ID登录后试用30天。

试用期满后，必须注册Revit才能继续正常使用，否则Revit将无法再启动。注意安装Revit后，授权信息会记录在硬盘指定扇区位置，即使重新安装Revit也无法再次获得30天的试用期，甚至格式化硬盘后重新安装系统也无法再次获得30天的试用期。

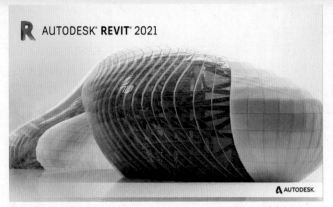

附图 1-8

附图 1-9

附录2 硬件配置要求

要流畅运行 Revit，需要有与之匹配的计算机硬件。运行 Revit 的计算机硬件可以为笔记本计算机或台式工作站。考虑到协同设计等工作需要，还会配备文件服务器等设备，以满足数据存储和交换的需要。通常 Revit 会对计算机的 CPU（中央处理器）频率、内存容量、显卡运算能力以及显示器分辨率提出较为严格的要求。

为流畅运行 Revit 软件，特别是能够顺利完成单层超过 1 万 m² 较大规模的商业综合体的机电管线深化设计任务，由于 BIM 模型的数据量较大对 CPU 运算能力、内存容量都会提出较高要求。

以 Revit 2021 为例，要流畅运行该软件需要满足的硬件配置要求见附表 2-1。

附表 2-1

配置	配置要求
CPU 类型	多核 Intel® Xeon®或 i 系列处理器，或者采用 SSE2 技术的同等 AMD®处理器。建议尽可能使用高主频 CPU
内存	16GB RAM
显示器	1920×1080 真彩色显示器
显卡	支持 DirectX 11 和 Shader Model 5 的显卡，最少有 4GB 视频内存
磁盘空间	30GB 可用磁盘空间
连接	Internet 连接，用于许可注册和必备组件下载

附表 2-1 中仅仅列出了运行 Revit 的基本硬件需求。结合笔者的经验，要流畅运行 Revit 软件完成机电深化设计工作，建议采用台式工作站作为主要工作设备，同时配备笔记本移动工作站用于工程现场交流汇报。以下为笔者推荐的台式工作站（附表 2-2）以及笔记本工作站（附表 2-3）的硬件配置，供读者参考。

附表 2-2

配置	配置要求
CPU 类型	Intel Xeon（至强）W-2123
内存	16GB RAM
显示器	21 寸显示器（1920×1080）×2
显卡	Nvidia Geforce RTX 2060 8GB
磁盘空间	1TB 固态硬盘

附表 2-3

配置	配置要求
CPU 类型	Intel i7-9750
内存	16GB RAM
显示器	15.6 英寸 FHD（1920×1080）显示屏
显卡	Nvidia Quadro T1000 4G 独显
磁盘空间	1TB 固态硬盘

以上两款配置列举了当前较为主流的硬件配置，能够满足机电深化设计的同时还可完成 Twinmotion 等综合展示工作，具有较高的性价比。服务器等其他硬件配置要求，请读者参考 Revit 的安装手册，在此不再赘述。

附录3 常用命令快捷键

1. 常用快捷键

除通过 Ribbon 访问 Revit 工具和命令外，还可以通过键盘输入快捷键直接访问至指定工具。在任何时候，输入快捷键字母即可执行该工具。例如要绘制水管，可以直接按键盘"PI"键即可使用该工具。只要不是双手使用鼠标，使用键盘快捷键将加快操作速度。

建筑与结构工具常用快捷键 （续）

命令	快捷键	命令	快捷键
墙	WA	线管	CN
门	DR	电缆桥架	CT
窗	WN	电缆桥架配件	TF
放置构件	CM	弧形导线	EW
房间	RM	照明设备	LF
房间标记	RT	线管配件	NF
轴线	GR	电气设备	EE
文字	TX	机械设备	ME
对齐标注	DI	管路附件	PA
标高	LL	管件	PF
高程点标注	EL	软管	FP
绘制参照平面	RP	管道	PI
按类别标记	TG	喷头	SK
模型线	LI	卫浴装置	PX
详图线	DL	多点布线	MR
结构柱	CL		

编辑修改工具常用快捷键

命令	快捷键
楼板	SB
结构梁	BM
结构支撑	BR
结构基础	FT

命令	快捷键
图元属性	PP 或 Ctrl + 1
删除	DE
移动	MV
复制	CO
旋转	RO
定义旋转中心	R3 或空格键
阵列	AR
镜像—拾取轴	MM
创建组	GP
锁定位置	PP
解锁位置	UP
匹配对象类型	MA
线处理	LW
填色	PT
拆分区域	SF

机电系统工具常用快捷键

命令	快捷键
检查管道系统	PC
检查线路	EC
检查风管系统	DC
预制零件	PB
转换为软风管	CV
绘制软风管	FD
风管末端	AT
风管附件	DA
绘制风管	DT
风管管件	DF

（续）

命令	快捷键
对齐	AL
拆分图元	SL
修剪/延伸	TR
偏移	OF
在整个项目中选择全部实例	SA
重复上上个命令	RC 或 Enter
恢复上一次选择集	Ctrl + ←（左方向键）

捕捉替代常用快捷键

命令	快捷键
捕捉远距离对象	SR
象限点	SQ
垂足	SP
最近点	SN
中点	SM
交点	SI
端点	SE
中心	SC
捕捉到云点	PC
点	SX
工作平面网格	SW
切点	ST
关闭替换	SS
形状闭合	SZ
关闭捕捉	SO

视图控制常用快捷键

视图控制	快捷键
区域放大	ZR
缩放配置	ZF
上一次缩放	ZP
动态视图	F8 或 Shift + W
线框显示模式	WF
隐藏线显示模式	HL
带边框着色显示模式	SD
细线显示模式	TL
视图图元属性	VP
可见性图形	VV/VG
临时隐藏图元	HH
临时隔离图元	HI
临时隐藏类别	HC
临时隔离类别	IC
重设临时隐藏	HR
隐藏图元	EH
隐藏类别	VH
取消隐藏图元	EU
取消隐藏类别	VU
切换显示隐藏图元模式	RH
渲染	RR
快捷键定义窗口	KS
视图窗口平铺	WT
视图窗口层叠	WC

2. 自定义快捷键

除了系统的保留的快捷键外，Revit 允许用户根据自己的习惯修改其中的大部分工具的键盘快捷键。

下面以给"修剪/延伸单一图元"工具自定义快捷键"EE"为例，来说明如何在 Revit 中自定义快捷键。

1）单击"视图"选项卡"窗口"面板中"用户界面"下拉列表，单击"快捷键"选项，或者直接输入快捷键命令 KS，打开"快捷键"对话框。

2）如附图 3-1 所示，在"搜索"文本框中，输入要定义快捷键的命令的名称"修剪"，将列出名称中所有包含"修剪"的命令。

🔊 **提 示**

> 也可以通过"过滤器"下拉框找到要定义快捷键的命令所在的选项卡，来过滤显示该选项卡中的命令列表内容。

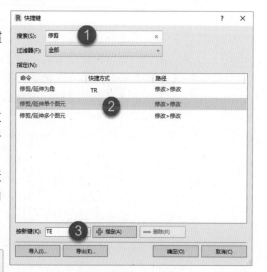

附图 3-1

3）在"指定"列表中，选择所需命令"修剪/延伸单一图元"，同时，在"按新建"文本框中输入快捷键字符"TE"，然后单击"指定"按钮。新定义的快捷键将显示在选定命令的"快捷方式"列，结果如附图 3-2 所示。

4）如果用户自定义的快捷键已被指定给其他命令，则 Revit 给出"快捷方式重复"对话框，如附图 3-3 所示，通知用户所指定的快捷键已指定给其他命令。单击确定按钮忽略该提示，按取消按钮重新指定所选命令的快捷键。

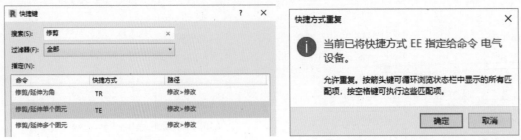

附图 3-2　　　　　　　　　　　　　　　　附图 3-3

5）单击"快捷键"对话框底部"导出"按钮，弹出"导出快捷键"对话框，如附图 3-4 所示，输入要导出的快捷键文件名称，单击"保存"按钮可以将所有已定义的快捷键保存为 .xml 格式的数据文件。

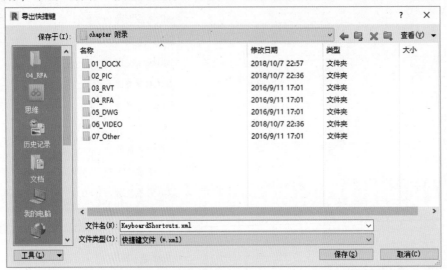

附图 3-4

6）当重新安装 Revit 时，可以通过"快捷键"对话框底部的"导入"工具，导入已保存的 .xml 格式快捷键文件。

同一个命令可以指定多个不同的快捷键。例如，打开"属性"面板可以通过输入 PP 或 Ctrl + 1 两种方式。快捷键中可以包含 Ctrl 和 Shift + 字母的形式，只需要在指定快捷键时同时按住 Ctrl 或 Shift + 要使用字母即可。

当命令的快捷键重复时，输入快捷键时 Revit 并不会立即执行命令，会在状态栏中显示使用该快捷键的命令名称，并允许用户通过键盘上、下箭头循环选择所有使用该快捷键的命令，并按空格键执行所选择的命令。